土壤–植物系统中 Cd 等重金属的迁移转化

赵中秋等　著

科　学　出　版　社
北　京

内 容 简 介

本书对重金属 Cd 等在土壤–植物系统中的迁移转化机制及影响因素进行了系统研究，主要内容包括：土壤–植物系统中的 Zn-Cd 交互作用对 Cd 迁移的影响及其生理生化机制；磷肥、钾肥陪伴阴离子、磷矿粉、新型生物可降解螯合剂等对土壤–植物系统中 Cd 等重金属迁移转化的影响；新型生物可降解螯合剂与 AM 菌根联合在植物修复 Cd 等重金属污染土壤中发挥的作用；Cd 等重金属污染农用地安全利用评价研究，最后就影响 Cd 在土壤–植物系统中迁移转化的重要因素及其可能的作用机理进行阐述和总结。

本书可供环境科学、环境工程、土壤学、生态学、土地管理等领域的教学、科研人员，以及土地、环保领域管理工作者或技术人员阅读，也可作为相关专业研究生的参考用书。

图书在版编目(CIP)数据

土壤–植物系统中 Cd 等重金属的迁移转化 / 赵中秋等著 . —北京：科学出版社，2017. 10

ISBN 978-7-03-054683-8

Ⅰ.①土… Ⅱ.①赵… Ⅲ.①土壤污染–重金属污染–研究 Ⅳ.①X53

中国版本图书馆 CIP 数据核字（2017）第 240221 号

责任编辑：周　杰 / 责任校对：彭　涛
责任印制：张　伟 / 封面设计：铭轩堂

科 学 出 版 社 出版
北京东黄城根北街 16 号
邮政编码：100717
http://www.sciencep.com

北京建宏印刷有限公司 印刷
科学出版社发行　各地新华书店经销
*
2017 年 10 月第 一 版　　开本：720×1000　1/16
2018 年 6 月第二次印刷　　印张：10 3/4
字数：220 000
定价：98.00 元
（如有印装质量问题，我社负责调换）

《土壤-植物系统中 Cd 等重金属的迁移转化》编委会名单

前　言

随着大气污染、水体污染和土壤污染带来的后果和危害逐渐被认知和重视，土壤中污染物的迁移转化及其修复治理已成为当前环境科学与工程研究领域最为重要的研究方向之一。2014 年 4 月 17 日，国家环境保护部和国土资源部发布了《全国土壤污染状况调查公报》，结果显示，全国土壤环境状况总体不容乐观，部分地区土壤污染较严重，耕地土壤环境质量堪忧，全国土壤点位超标率为 16.1%，耕地点位超标率在各土地利用类型中最高，达到 19.4%。超标污染物以无机型为主，其中重金属 Cd 的超标率最高，即我国土壤污染以 Cd 等重金属污染为主。土壤重金属污染尤其是耕地重金属污染严重制约着我国粮食安全生产和生态文明建设。因此，2016 年 5 月 31 日，国务院印发了《土壤污染防治行动计划》（简称《土十条》），明确要加强土壤污染的调查、预防和修复治理工作，作为我国土壤污染防治工作的里程碑，将为保障我国土壤安全做出重要贡献。对土壤重金属污染的预防或修复治理应建立在重金属在土壤植物系统的环境化学行为或迁移转化规律之上，这是土壤污染治理的理论基础，也是该领域学者一直关注的科学问题。笔者根据十多年来在该领域开展的工作，梳理总结了本人和本人指导的研究生在该领域已通过的学位论文和已发表的学术论文，主要是从不同方面研究了 Cd 等重金属在土壤植物系统中迁移转化的影响因素及机制，并探讨了新材料生物可降解螯合剂及其与微生物联合修复重金属污染土壤的效应。

本书共分 10 章：第 1 章，由赵中秋撰写；第 2~4 章，由赵中秋、朱永官撰写；第 5 章，由降光宇、赵中秋撰写；第 6 章，由陈志霞、黄益宗、赵中秋撰写；第 7 章，由席梅竹、赵中秋、白中科撰写；第 8 章，由刘晓娜、李瑞、赵中秋撰写；第 9 章，由祝培甜、陈勇、李茜、赵中秋、吴克宁撰写；第 10 章，由赵中秋撰写。全书由赵中秋、原野、李彬彬统稿、定稿，由王杨扬、李雪珍、曹雪洁、刘少青审校。十分感谢编委会成员在成书过程中的辛勤劳动与付出，特别感谢我的博士生导师朱永官研究员在整个研究过程中给予的指导与帮助，同时感谢黄益宗研究员在统稿过程中提出的宝贵意见及修改建议。

由于重金属 Cd 等在土壤植物系统中的迁移转化过程复杂多变，影响因素较多，很多科学问题尚待进一步认识和深入了解，加之笔者研究能力的局限，书中难免有疏漏之处，敬请读者谅解和指正。

作 者

2017 年 5 月

目　　录

第1章 绪 论

1.1 研究背景与意义

民以食为天，粮以土为本。土壤中含有植物生长所需的营养元素，通过在土壤中种植农作物为人类提供粮食和蔬菜等物质资料，土壤是人类生存发展的物质基础。土壤是环境的重要组成部分，承担了环境中大约90%的污染物，而重金属是土壤环境中严重危害生态安全的污染物之一。随着工业的发展和农业生产的现代化，环境污染问题日益突出，土壤重金属污染已成为一个全球性的比较严重的环境问题。重金属是一类毒性大，具有潜在危害的无机污染物，可在土壤和生物体内富集，直接危害土壤动物、微生物和植物，污染物通过植物根系在土壤-植物系统中发生迁移，通过食物链向其他生物和人类迁移并积累，对生物和人类的健康造成危害。与大气和水体中重金属污染相比，土壤重金属污染具有长期性、隐蔽性和不可逆性等特点。以降低重金属污染土壤的健康风险和恢复土壤的生态服务功能为目的的土壤污染修复已成为目前备受关注的全球环境热点研究课题。

从农业部的相关调查来看，我国污水灌溉区总面积大约为140万 hm^2，而遭受到重金属污染的土地面积占污染总面积的比例已经高达64.8%，其中，中度污染面积所占的比例为9.7%、严重污染面积所占的比例为8.4%，重金属元素 Cd 和 Hg 的污染面积最大。重金属 Cd 位于元素周期表ⅡB族，是一种灰色而有光泽的金属。根据对 Cd 的研究和了解，Cd 对于人体、动植物都是一种非必需元素，而且对人体和动物具有很强的毒性。Cd 的半衰期长达 15~1100 年，在人体和动植物体内具有累积效应。通常 Cd 很容易通过食物链在人体内积累，导致人体各种疾病的发生，如高血压、骨痛病、肾功能紊乱、肝损害、肺水肿、贫血等。目前，我国受到 Cd 污染的耕地面积有 1.3 万 hm^2，涉及 11 个省市的 25 个地区；受到 Hg 污染的耕地面积有 3.2 万 hm^2，涉及 15 个省市的 21 个地区（崔斌等，2012）。对于维持人体基本生存所必需的粮食来说，粮食中 Pb 元素的含量超过 1mg/kg 的生产地区有 11 个，粮食中 As 元素含量超过 0.7mg/kg 的生产地区有 6 个。

2011 年 4 月初，我国首个"十二五"专项规划——《重金属污染综合防治"十二五"规划》获得国务院正式批复。国家环境保护部联合国土资源部历时

8 年对全国土壤污染状况展开了摸底调查，并于 2014 年发布了《全国土壤污染状况调查公报》，调查结果显示，全国土壤环境状况总体不容乐观，部分地区土壤污染较严重，耕地土壤环境质量堪忧，全国土壤总的点位超标率为 16.1%，耕地点位超标率在各土地利用类型中最高，达到 19.4%。超标污染物以无机型为主，其中重金属 Cd 的超标率最高，我国土壤污染以 Cd 等重金属污染为主。

土壤重金属污染严重制约着我国粮食安全和经济社会的可持续发展，也是全球亟待解决的环境为题之一，对重金属污染土壤的治理和修复也已成为全球范围内亟待解决的问题。重金属在土壤–植物中的迁移转化规律一直是该领域持续攻关的科学问题之一，了解重金属在土壤–植物中的迁移转化规律和影响因素是对重金属污染土壤进行修复和治理的关键理论支撑。

1.2   国内外研究现状

1.2.1   土壤中 Cd 等重金属污染物的来源危害

1. 土壤中重金属污染物的来源

造成土壤重金属污染的主要原因如下：①含有重金属的废弃物的堆积。金属矿山开采、冶炼厂排弃的尾矿渣是矿山主要固体废弃物之一，尾矿地面堆置不仅占用大面积的土地或农田，而且尾矿扬尘污染大气和环境，尾矿中的有害成分产生大量酸性废水，随着矿山排水和降雨进入水环境或直接进入土壤，直接或间接地造成土壤重金属污染。傅国伟（2012）对武汉市垃圾堆放场、杭州某铬渣堆存区、城市生活垃圾场及车辆废弃场附近土壤中的重金属含量进行研究发现，这些区域的 Cd、Hg、Cr、Cu、Zn、Pb、As、Mn 的含量高于当地土壤背景值。苏北某垃圾堆放场周边 150m 范围内的土壤都产生了重金属污染，土壤 Pb、Cd、Cr、Hg、As 的含量均高于当地土壤背景值（包丹丹等，2011）。②农药、化肥和塑料薄膜的使用。使用含有 Pb、Cd、Hg、As 等重金属的农药以及不合理地施用化肥都可能导致土壤的重金属污染。一般过磷酸盐中含有高量的重金属 Hg、Cd、As、Zn、Pb，磷肥次之，氮肥中 Pb、As 和 Cd 的含量较高。农用薄膜生产中用到的热稳定剂中含有 Cd、Pb，在大量使用塑料大棚和地膜过程中都可能造成土壤重金属污染（樊霆等，2013）。③污泥施肥。污泥中含有大量的有机质和 N、P、K 等营养元素，但同时污泥中也含有大量的重金属元素，随着市政污水处理产生的大量污泥被施加于农田，农田中的重金属含量也会不断升高。畜禽粪便因富含丰富的有机质，常被用作有机肥来改善土壤肥力，但有研究表明，长期施用畜禽粪便也会显著升高土壤中 Cu、Zn、Pb、Cr、As 的含量，尤其是 Cu 和 Zn（叶必雄等，2012）。④污水灌溉。污水灌溉一般是指用经过一定处理的城市生活污水来灌溉农用土地、森林及草地。由于大量工业废水同生活污水一起进入市政污水网，这使得城市污水中含有大量重金属离子，随着污水灌溉而进入土壤。李名升和佟连军（2008）对辽宁省污灌区土壤环境质量和重金属的潜在风险进行了评价，结果表明，Cd 污染是该污灌区首要的土壤重金属污染，另外，Hg、Pb 和 Ni 污染也较为普遍，这些重金属主要来自污水灌溉和农田施肥。工业废水中含有的一些不利于作物生长的重金属盐类可能会抑制作物的生长，如砷、汞、铅、铬，以及硫、酚、氯、氰化物等有毒有害成分（Wei，2010）。⑤大气中重金属的沉降。大气中的重金属主要来源于矿产开采、工业生产、汽车尾气排放、汽车轮胎磨损产生的大量含有重金属的有害气体和粉尘。大气中大多数重金属通过自然沉降和雨淋沉降进入土壤圈，造成土壤的重金属污染。

2. 土壤重金属的危害

土壤重金属污染具有不可逆性，重金属在土壤中不仅很难降解，而且会导致土壤结构和功能的变化，使土壤很难恢复原状。土壤重金属污染具有极大的危害性，土壤中的重金属不仅会影响农作物的生长发育，而且会在作物体内积累，人类长期食用被污染的食品会引发疾病，对人类的生命安全造成威胁。土壤重金属污染具有普遍性，土壤重金属污染已经成为世界范围内亟待解决的环境问题之一。土壤重金属污染具有隐蔽性，很难被察觉，一般只能在人体内积累到一定水平产生病症后才会被发现。具体可分为以下几点危害。

（1）导致食物品质不断下降

我国大多数城市近郊土壤都受到了不同程度的污染，植物在重金属污染土壤中生长，植物为了减轻重金属的毒害，会将吸收的重金属主要储存在根部，这样会使根系受损，影响植物对水分和养分的吸收，造成生长不良，甚至死亡（Nagajyoti et al.，2010）。有许多地方的粮食、蔬菜和水果等食物中 Cd、Cr、Se、Pb 等重金属含量超标或接近临界值。例如，在沈阳某污灌区，被污染的耕地已多达 25km²，粮食遭受严重的 Cd 污染，稻米中 Cd 浓度高达 0.4 ~ 1mg/kg（已经达到或超过诱发"痛痛病"的平均含镉浓度）。江西省某县多达 44% 的耕地遭到污染，并形成 6.7km² 的"镉米"区。土壤污染除影响食物的卫生品质外，还会明显地影响农作物的其他品质。有些地区污灌已经使蔬菜的味道变差，使蔬菜易烂，甚至出现难闻的异味，农产品的储藏品质和加工品质也不能满足深加工的要求。

（2）危害人体健康

土壤重金属污染会使污染物在植物体中积累，并通过"植物—草食动物—肉食动物"食物链而迁移、传递，最终富集到人体和动物体中，危害人畜健康，引发癌症和其他疾病等。更严重的是，重金属在植物和动物间迁移、传递的过程中，浓度会逐渐升高，即所谓的生物放大，这必将对最后一级生物产生极为严重的伤害。例如，汽车尾气中的 Pb、锡罐封闭剂中的 Pb、杀虫剂中的 Pb、厨具中的 Pb 可以在呼吸中经肺或饮食中经胃肠道进入人的血液，Pb 再随血液循环分布，储存在脑、肾、骨等器官中，最终影响中枢神经功能、运动功能、排泄解毒功能和造血功能，可引起失眠、失明、麻痹、恶心、疲倦、血细胞减少和免疫力下降等病症。Cu 可以迅速抑制动物的呼吸而减弱动物的运动、摄食和繁殖功能，甚至造成动物的死亡。Cr 对人体的危害作用也很严重。例如，20 世纪 50 ~ 60 年代，在日本富山市神通川流域曾出现过一种称为"痛痛病"的怪病，其症状表现为周身剧烈疼痛，甚至连呼吸都要忍受巨大的痛苦。后来研究证实，这种所谓的"痛痛病"正是由 Cr 污染所引起的。其主要原因是当地居民长期食用被 Cr 污染的大米。目前，我国对这方面的情况仍缺乏全面的调查和研究，对土壤污染导致污染疾病的总体情况并不清楚，从个别城市的重点调查结果来看，情况并不乐观。有学者认为土壤和粮食污染还可能导致居民肝大（Cunningham et al.，1995）。近年来我国也多次出现重金属中毒事件，2014 年 6 月，湖南省衡阳市大浦镇 300 多名儿童血铅超标，原因是附近化工厂排放的废水和烟尘，使周边水源和土壤受到严重污染。江西吉安、云南昆明、陕西凤翔等地，也出现了因土壤重金属污染而引发儿童血铅事件。血铅过高会影响儿童的生长发育，Pb 损伤造血系统引起贫血，同时危害发育中的脑组织和神经系统，影响儿童的智力发育，且这种影响是不可逆的（Yang et al.，2013）。

（3）导致严重的直接经济损失

土壤污染可造成作物减产，严重的甚至颗粒无收。据统计，全国每年因重金属污染而减产粮食超过 $1 \times 10^7 t$，另外被重金属污染的粮食每年也多达 $1.2 \times 10^7 t$，合计经济损失至少达到 200 亿元，而且呈逐年递增的趋势。

（4）导致其他环境问题

土地受到污染后，含重金属浓度较高的污染表土容易在风力和水力的作用下分别进入到大气和水体中，导致大气污染、地表水污染、地下水污染和生态系统退化等其他次生生态环境问题（Baker and Brooks，1989）。北京市的大气扬尘中，有一半来源于地表。表土的污染物质可能在风的作用下，以扬尘形式进入大气中，并进一步通过呼吸作用进入人体。这一过程对人体健康的影响可能类似于食用受污染的食物。上海川沙污灌区的地下水检测出 F、Hg、Cd 和 Se 等污染物。成都市郊的农村水井也因土壤污染而导致井水中 Hg、Cr 等污染物超标。

1.2.2　土壤中 Cd 等重金属的形态和生物有效性

土壤重金属污染已成为全球最为严重的环境问题之一。在研究土壤中重金属的危害时，不仅要注意重金属的总量，还要关注重金属在土壤中的形态。对于同一种金属，在土壤中的存在形态不同，其迁移转化特点、生物有效性和污染性质也不同。在人为对土壤中重金属的提取操作方面，Tessier 等提出的分级提取法是将土壤中重金属分为水溶态、交换态、铁锰氧化物结合态、有机结合态和残渣态（Tessier et al.，1979），重金属从水溶态到残留态时其生物有效性和迁移性依次降低。在此基础上的众多分级提取方法得到广泛发展，欧洲共同体参考物质署（Bureau Community of Reference，BCR）提出了简易的 BCR 三步法，后来 Rauret 等对该方法进行了改进和优化，在研究中得到广泛的应用（Rauret et al.，1999）。BCR 分级提取法将土壤中重金属分为酸可提取态（交换态及碳酸盐结合态）、可还原态（Fe-Mn 氧化物结合态）、可氧化态（有机物和硫化物结合态）和残渣态，重金属的生物有效性从酸可提取态到残渣态依次降低，一般以酸可提取态占重金属总量的比例评价重金属的迁移性和生物有效性（Pueyo et al.，2003）。

土壤中重金属元素的迁移性和环境行为在很大程度上取决于它的存在形态而非总量，重金属元素的存在形态决定了它的毒性程度和生物对它的吸收利用水平，即生物有效性。重金属的生物有效性和迁移性从酸提取态到残渣态依次降低，一般而言，酸提取态是有效态，其占总量的比例可以用来评价某重金属的迁移性和生物有效性。重金属在土壤中会发生各种各样的反应，土壤的环境条件，如土壤类型、土壤 pH、Eh、土壤有机质含量、土地利用方式、阳离子交换量、土壤胶体的种类及数量等，都有可能引起土壤重金属不同形态之间的转化，从而影响重金属的生物有效性。重金属在土壤中发生的反应一般有以下几种：①静电吸附，土壤中的层状硅酸盐黏粒通常带有负电荷，在适当的条件下，进入土壤中的重金属离子会与带有负电荷的黏粒发生静电吸附，此过程受土壤 pH 的制约。金属离子在与黏粒发生静电吸附的过程中，会置换出原本吸附在黏粒表面的 H^+，从而引起土壤的酸化。当土壤的 pH 较高时，重金属与黏粒的静电吸附反应会受到抑制，此时较容易生成一些金属氢氧化物。②化学吸附，重金属与土壤中的金属氧化物、铁铝酸盐矿物表面的吸附位点结合，生成新的化学键，这一过程是不可逆的。③表面吸附，重金属可以通过颗粒的表面张力及范德华力吸附到土壤颗粒表面，它的性质在吸附过程中并不发生改变。④氧化还原作用，一般而言，重金属的氧化势越高，可溶性就越小，土壤 Eh 会在很大程度上影响重金属的形态；重金属通过与有机基团的配位反应，也会改变其在土壤中的溶解度。⑤沉淀及共沉淀过程，区分化学吸附跟沉淀是非常困难的，一般认为化学吸附过程中，体系重金属离子浓度很低，不能发生沉淀作用，在污染非常严重的土壤中，有可能生成金属沉淀。相当多的证据已经表明，土壤中可以发生重金属共沉淀。⑥与有机质的络合反应，土壤有机质含有多种官能团，这为重金属提供了络合电子，通过络合反应形成金属络合物或者螯合物（高卫国，2005）。土壤是一个非常复杂的体系，一般情况下，重金属在土壤中的移动会受到多种反应的综合作用，他们共同决定了重金属在土壤中的形态及毒性。

1.2.3 土壤中 Cd 等重金属元素的迁移转化

1. 铅的迁移转化

在正常的土壤环境条件下，土壤中铅主要以 $Pb(OH)_2$、$PbCO_3$、$Pb_3(CO_3)_3$、$Pb_3(PO_4)_2$、PbS 等难溶的化合物形式存在。因此，土壤中铅主要分布在表层，移动性和植物有效性都很小。土壤中铁、锰氧化物和氢氧化物对 Pb^{2+} 有强烈的吸附能力，是控制 Pb 转化迁移及生物活性和毒性的重要因素。土壤 pH 的变化对 Pb 的存在形态也有较大影响，酸性土壤中，可溶性铅含量较高。植物从土壤溶液中吸收的可溶性铅，主要积累在根部，很少转移到茎、叶、籽实等部位（Blaylock et al.，1997；Wu et al.，1999）。

2. 锌的迁移转化

锌主要以 Zn^{2+} 形态进入土壤，也可能以配合离子 $Zn(OH)^+$、$ZnCl^+$、$Zn(NO_3)^+$ 等形态进入土壤，并被土壤表层的黏土矿物吸附，参与土壤中的代换反应而发生固定累积，有时形成氢氧化物、碳酸盐、磷酸盐和硫化物沉淀，有时与土壤中的有机质结合，而在表土层富集（龙新宪，2002）。土壤中锌的迁移取决于土壤 pH。Zn 在酸性土壤中容易发生迁移，被吸附的 Zn 解吸，不溶的氢氧化物和酸作用转变成可溶的 Zn^{2+} 状态，被吸附的 Zn 解吸到土壤溶液，致使土壤中锌易被植物吸收或淋失（Robisnon et al.，1997）。

3. 铜的迁移转化

由于进入土壤的铜被表层土壤的黏土矿物持留，污染土壤中的 Cu 主要在表层积累，并沿土壤纵深垂直递减。同时，表层土壤的有机质能与 Cu 结合，使 Cu 向下层移动。但是在酸性土壤中，由于土壤对 Cu 的吸附能力较弱，被土壤固定的 Cu 易被解吸出来，易于淋溶迁移（Wu et al.，1999；龙新宪，2002）。Santibáñez 等（2008）和樊霆等（2013）研究智利铜尾矿中黑麦草（*Lolium perenne Linn*）对 Cu、Zn、Mo 和 Cd 等的修复作用时，发现其对重金属的累积主要集中在根部，向茎叶处转移很少。

4. 镉的迁移转化

土壤中 Cd 的存在形式有水溶性和非水溶性两大类。离子态和络合态的水溶性 Cd 如 $CdCl_2$ 等易被作物吸收，危害较大；而难溶性的 Cd 如 $CdCO_3$、CdS 等，则不易被迁移，不被植物吸收。但受土壤 pH 和 Eh 影响，两者可能互相转化。土壤 pH 低时，Cd 溶解度大；Eh 低时，Cd 不仅可与磷酸生成难溶沉淀，而且可与 S^{2-} 形成更稳定的硫化镉沉淀固定在土壤中。

1.2.4　土壤中 Cd 等重金属元素的共存关系及交互作用

自然界中，单个重金属污染虽有发生，但多数为几种重金属元素同时污染的复合污染。在复合污染条件下，重金属对植物的毒害及其在土壤中的迁移动态要比单一元素的污染复杂和严重得多。植物对某种重金属的吸收受到相伴重金属的影响，且这种影响作用复杂。一般来说，周期系同族元素之间及理化性质相似的元素之间容易出现拮抗作用。同周期元素化学性质极其相似，可相互竞争结合部位。但由于土壤是一个复杂的有机无机多相体系，重金属元素之间的交互作用往往会受到共存重金属的种类和浓度、土壤的理化性质、植物的类型等多重因素的影响。

无论在重工业区、金属采矿区、冶炼区和城市生活污水灌溉区，污染土壤中的 Cd、Zn、Pb 的共生性都很强，Zn 与 Cd 属同族相邻的元素，二者化学性质十分相似。因此，作为人体和动植物必需微量元素的 Zn 与 Cd 的交互作用早就受到了国内外的关注（Haghiri，1974；Abdel-Sabour et al.，1988；Oliver et al.，1994），但到目前为止，人们对 Zn、Cd 相互作用机理的认识还很模糊，在理论上还没有获得十分令人满意的重大突破。土壤中可浸提态 Pb 含量与 Zn、Cd 含量的相关系数分别为 0.983 和 0.991，Cd 与 Zn 的相关系数为 0.988，极显著相关，具有同源共生污染的特征（Wang and Liang，2000）。

植物对 Cd、Zn、Pb 这三种重金属元素的吸收具有很大的差异性，目前还没有发现任何一种植物对上述三种元素都有超富集吸收能力，其原因除遗传基因的差异外，可能还与离子间的相似性及共同竞争吸收位点有关。

重金属与植物营养元素交互作用的研究一直是重金属污染生态学研究的前沿。交互作用指在一定条件下，两个或多个元素的结合生理效应小于或超过它们各自效应之和，植物元素离子之间存在着交互作用关系。离子的交互作用主要有拮抗作用和协同作用两类（祖艳群等，2008）。

第2章 土壤–植物系统中的 Zn-Cd 交互作用对 Cd 迁移的影响

人类活动造成的土壤 Cd 污染在世界范围内普遍存在且日趋严重，Cd 易于随食物链迁移并在人体内积累的特性导致了各种 Cd 中毒性疾病的发生，对人类健康造成了严重威胁。Zn 与 Cd 为同一族元素，具有相同的化学性质，但与 Cd 不同的是，Zn 对人体和动植物是必需的。因此，Zn-Cd 交互作用对 Cd 在土壤–植物系统中迁移转化的影响早已引起关注。一般认为，土壤和植物体中 Zn 的形态在植物吸收积累 Cd 的过程中发挥着重要的作用，但结论不一，其机理也不清楚。本章通过土培实验、水培实验和同位素示踪技术对 Zn-Cd 交互作用进行进一步的探讨。

2.1 土培条件下 Zn-Cd 交互作用对小麦幼苗 Cd、Zn 吸收的影响研究

2.1.1 研究方法

1. 实验设计

本实验采用土培方法。土样采自中国科学院石家庄栾城农业生态系统试验站 (0~25cm)，为肥沃的黏质土。风干土样过 2mm 筛。土样基本理化性质分析参照中国土壤学会提供的方法（鲁如坤，2000），分析结果见表 2-1。试验设 4 个 Cd（$CdCl_2$）浓度：0mg Cd/kg 土、15mg Cd/kg 土、30mg Cd/kg 土、50mg Cd/kg 土和 5 个 Zn（$ZnSO_4$）浓度：0mg Zn/kg 土、2mg Zn/kg 土、10mg Zn/kg 土、100mg Zn/kg 土、1000mg Zn/kg 土，共 20 个处理，每个处理设 3 个重复。各处理施以等量的 N、P、K 肥：200mg N/kg 土（尿素）、133mg P_2O_5/kg 土（磷酸氢钙）、133mg K_2O/kg土（硫酸钾）。处理后的土样充分混匀后，装入塑料盆，每盆装 1kg 土，放入温室，按 15% 含水量加水平衡一周。

表 2-1　盆栽实验供试土样的基本理化性质

参数	参数值
pH	7.7
有机质/%	1.4
有效氮/(mg/kg)	80
有效磷/(mg/kg)	24.1
有效钾/(mg/kg)	198.7
阳离子交换容量 CEC/[cmol(+)/kg]	10
总 Zn 含量/(mg/kg)	176.6
总 Cd 含量/(mg/kg)	0.1

2. 植物材料

植物材料为冬小麦 (*Triticum aestivum* L.)：科农 9204，由中国科学院石家庄农业现代化研究所提供。

3. 植物培养

小麦种子用 10% 的 H_2O_2 消毒 10min，用自来水冲洗后催芽，发芽的种子均匀地播在每盆土样上，每盆 6 粒。待幼苗长至 2~3cm 后，进行间苗，每盆保留 3 株。幼苗每 3 天浇水一次，保持 15% 的土壤含水量。温室的温度保持 18℃左右。小麦幼苗生长 9 周后收获。

4. 植物分析

收获的小麦幼苗分成根和地上部分，根用去离子水充分洗净，于 70℃烘箱中烘 48h，称其干重。称重后的根和地上部分干样于玛瑙研钵中研碎，取 0.25g 加入 5ml 优级纯混合酸（HNO_3：$HClO_4$ = 6:1）160℃下消煮 8h。消煮液用高纯水定容至 50ml。溶液中的 Cd、Zn 浓度用 ICP-MS（Inductively Coupled Plasma Mass Spectrometry，Agilent 7500a，美国）测定。

5. 数据分析

所有实验数据均用单因素方差（ANOVA）统计分析。

2.1.2　结果与分析

1. 生物量

从表 2-2 可以看出，在 0~100mg/kg（包括 100mg/kg）的 Zn 浓度，地上部分

生物量随 Cd 浓度的增加而降低，50mg/kg Cd 浓度下地上部分生物量仅为不加 Cd 时的生物量的 50%。0 ~ 100mg/kg 的 Zn 对地上部分生物量没有显著影响，但 1000mg/kg 的 Zn 极其显著地降低了地上部分生物量，整个幼苗完全失绿，枯黄矮小（图 2-1），表明幼苗已严重受到 Zn 的毒害。该浓度下，Zn 毒害作用完全抑制了幼苗的生长，所以 Cd 处理对幼苗生物量的影响被忽略。除 Cd50×Zn1000mg/kg 外，根部生物量随 Cd、Zn 浓度变化的趋势与地上部分相似。用 500mg/kg Cd× 100mg/kg Zn 处理的幼苗根生物量显著低于 0mg/kg Cd×100mg/kg Zn（表 2-3）。

表 2-2　不同 Cd、Zn 浓度水平对土培条件下冬小麦地上部分生物量的影响

Cd 处理 /（mg/kg 土）	Zn 处理/（mg/kg 土）				
	0	2	10	100	1000
0	2.89±0.11	2.93±0.06	3.09±0.04	2.58±0.04	0.23±0.01
15	2.34±0.05	2.40±0.07	2.35±0.05	2.42±0.04	0.24±0.01
30	1.31±0.03	1.43±0.05	1.63±0.03	1.62±0.06	0.24±0.01
50	1.32±0.06	1.23±0.03	1.25±0.07	1.02±0.04	0.23±0.02
方差分析					
Cd	$P<0.001$				
Zn	$P<0.001$				
Cd×Zn	$P<0.001$				

(a) Zn 0

(b) Zn 1000

图 2-1　不同 Zn、Cd 水平下小麦幼苗的生长状况

表 2-3　不同 Cd、Zn 浓度水平对土培条件下冬小麦根部生物量的影响

Cd 处理 /(mg/kg 土)	Zn 处理/(mg/kg 土)				
	0	2	10	100	1000
0	1.13±0.05	1.06±0.05	1.06±0.03	0.99±0.05	0.13±0.01
15	0.92±0.05	0.82±0.07	0.84±0.02	0.86±0.01	0.15±0.01
30	0.51±0.03	0.49±0.01	0.54±0.02	0.62±0.02	0.17±0.02
50	0.51±0.04	0.51±0.03	0.51±0.04	0.47±0.02	0.09±0.01
方差分析					
Cd	$P<0.001$				
Zn	$P<0.001$				
Cd×Zn	$P<0.001$				

2. 植物 Cd 浓度

由于土样本底 Cd 浓度比较低（0.1mg/kg 左右），未加 Cd 处理的幼苗地上部分 Cd 含量非常低，未检测到。其余处理的幼苗地上部分 Cd 浓度均随着 Cd 处理水平的提高而逐渐升高（表 2-4）。低浓度的 Zn 处理（2mg/kg、10mg/kg）对地上部分 Cd 浓度的影响不显著。在 15mg/kg 和 30mg/kg 的 Cd 水平下，高浓度的 Zn（100mg/kg 和 1000mg/kg）明显降低了地上部分 Cd 含量，50mg/kg Cd 水平下的幼苗 Cd 浓度仅受到 1000mg/kg Zn 的抑制。

比较表 2-4 和表 2-5 可以看出，根部 Cd 浓度远高于地上部分，表明 Cd 向地上部分的迁移系数较小。根部 Cd 浓度亦随土壤 Cd 水平的升高而升高（表 2-5）。在 15mg/kg 和 30mg/kg Cd 水平下，2mg/kg 和 10mg/kg 的 Zn 处理对幼苗根部 Cd 浓度无显著影响；100mg/kg 和 1000mg/kg 的 Zn 则显著抑制了根部对 Cd 的吸收，与地上部相似。50mg/kg Cd 水平下，10～1000mg/kg 的 Zn 均显著降低了根部 Cd 浓度。

表 2-4 不同 Cd、Zn 浓度水平对土培条件下冬小麦地上部分 Cd 浓度的影响

Cd 处理 /(mg/kg 土)	Zn 处理/(mg/kg 土)				
	0	2	10	100	1000
0	—	—	—	—	—
15	39.8±2.07	40.1±1.56	39.4±1.6	28.1±0.65	22.5±0.37
30	70.1±2.67	69.8±4.54	64.8±4	54.3±3.64	37.3±2.72
50	76.4±1.68	77.6±1.17	72.7±1.85	74.6±6.33	41.5±3.44
方差分析					
Cd	$P<0.001$				
Zn	$P<0.001$				
Cd×Zn	$P=0.007$				

表 2-5 不同 Cd、Zn 浓度水平对土培条件下冬小麦根部分 Cd 浓度的影响

Cd 处理 /(mg/kg 土)	Zn 处理/(mg/kg 土)				
	0	2	10	100	1000
0	1.2±0.2	1.7±0.3	0.6±0.1	4.7±0.8	2.8±1.7
15	195±1.9	221±15.9	185±1.1	150±5.3	121±4.4
30	419±1.4	389±8.1	392±6.1	281±5.0	251±13.8
50	579±20.4	666±60.7	479±35.6	495±35.8	282±12.3
方差分析					
Cd	$P<0.001$				
Zn	$P<0.001$				
Cd×Zn	$P<0.001$				

3. 植物 Zn 浓度

由表 2-6 可知，地上部分 Zn 浓度随土壤 Zn 浓度的升高而升高。低 Zn 处理条

件下（0～10mg/kg），Cd 的添加对地上部分 Zn 浓度无明显影响；但在 100mg/kg Zn 和 1000mg/kg Zn 水平下，尤其是在 1000mg/kg Zn 水平下，地上部分 Zn 浓度随 Cd 浓度的升高表现为明显的降低趋势。根部 Zn 浓度受土壤 Cd 浓度影响与地上部分不太相同（表2-7），在 0～100mg/kg Zn 水平下，根部 Zn 浓度随 Cd 浓度的变化未呈现出明显的变化规律，但在 1000mg/kg Zn 水平下，与地上部分相似，Cd 同样显著地降低了根部 Zn 浓度。

表 2-6　不同 Cd、Zn 浓度水平对土培条件下冬小麦地上部分 Zn 浓度的影响

Cd 处理 /(mg/kg 土)	Zn 处理/(mg/kg 土)				
	0	2	10	100	1000
0	104±5.1	115±2.7	147±3.8	397±16	1950±61
15	103±5.4	121±5.4	159±6.2	455±7.7	1730±31
30	102±5.4	109±2.1	142±12.1	350±20.4	1235±85
50	97±4.6	107±9.2	139±4.4	342±15.7	708±55
方差分析					
Cd	$P<0.001$				
Zn	$P<0.001$				
Cd×Zn	$P<0.001$				

表 2-7　不同 Cd、Zn 浓度水平对土培条件下冬小麦根部 Zn 浓度的影响

Cd 处理 /(mg/kg 土)	Zn 处理/(mg/kg 土)				
	0	2	10	100	1000
0	50.8±3.1	75.6±6.1	98.4±12.3	563±46.6	5409±375
15	66.3±3.9	64.2±5.8	186.7±3.5	694±13	4338±338
30	98.4±8.8	96.4±14.2	135.9±12	5189±4.9	3275±120
50	68.6±2.5	82.5±16.9	145.9±9.2	673±5.1	2220±410
方差分析					
Cd	$P<0.001$				
Zn	$P<0.001$				
Cd×Zn	$P<0.001$				

2.1.3　结论与讨论

在非缺 Zn 的土壤条件下，施 Zn 对植物体内的 Cd 浓度无明显影响，只有达到

污染水平的 Zn 浓度才显著降低植物体内 Cd 浓度；在 0～100mg/kg Zn 范围内，Zn 不受 Cd 水平的影响，但在 1000mg/kg Zn 浓度下，加 Cd 会显著降低植物体内的 Zn 浓度；1000mg/kg Zn 浓度下，植物生长严重受到阻碍，后期植物枯黄矮小，Zn 毒害是影响植物生长的主要因素，Cd 的作用被忽略。

实验结果显示，Cd、Zn 在冬小麦幼苗生物量及植株 Cd、Zn 浓度上都表现出了显著的交互作用。本实验中，在不加 Cd 的情况下，添加 Zn 并未显著促进幼苗的生长，表明实验所用的土壤不缺 Zn，土壤本底 Zn 对植物生长是充足的。该结果与 Nan 等（2002）的实验结果一致，施加 Zn 不一定抑制植物对 Cd 的吸收。这可能与所用非缺 Zn 土壤有关。有学者认为，降低 Cd 在小麦籽实中积累的方法之一就是通过土壤或植物叶片施加 Zn 肥（Clarke and Leisle，1997；Grant and Bailey，1998；Cakmak et al.，2000）。然而，从本实验结果来看，在本实验的土壤条件下，只有高浓度的 Zn（100～1000mg/kg）才对 Cd 的吸收和积累产生抑制效应，而这样高的 Zn 水平已远远超过了植物本身对 Zn 的营养需求，甚至对植物造成严重的毒害作用。虽然 100～1000mg/kg 的 Zn 显著降低了植物体内的 Cd 浓度，但这种效应并未真正对植物的生长起任何促进作用。原因可能是 100mg/kg 的 Zn 已经开始对小麦幼苗产生了毒害作用（表 2-2）。

除高浓度 Zn 处理外，还可加 Cd 抑制小麦幼苗的生长。在 1000mg/kg 的 Zn 水平下，幼苗的生物量仅为对照的 10%，可能此时植物受 Zn 毒害，而非 Cd 毒害，Zn 已成为影响植物生长的主导因子。植物体内的 Cd、Zn 浓度也显示了 Cd、Zn 的相互诘抗效应，尤其是在高 Zn 水平下。但这种诘抗作用对土壤的 Cd 污染胁迫并未表现出任何缓解作用。

有研究认为，土壤和植物中的 P 水平也会影响植物对 Cd 的吸收（Grant and Bailey，1997；Yang et al.，1999；Maier et al.，2002）。而 P 与 Zn 之间存在着交互作用已早有定论，本实验所用土壤含 P 量相对较高，因此，高浓度的 P 可能也会影响 Zn-Cd 交互作用。P 水平可能是影响 Zn-Cd 交互作用重要因子。此外，在研究 Zn-Cd 交互作用时，加入 Zn 的同时也伴随着 Cl^- 或 SO_4^{2-} 被带入土壤，可能还受到伴随 Zn 加入的阴离子 SO_4^{2-} 的影响。越来越多的研究证实，Cl^-、SO_4^{2-} 等阴离子对植物吸收 Cd 也有很大的影响（Bingham et al.，1984，1986；McLaughlin et al.，1998a，1998b；Norvell et al.，2000）。我们在另一实验（第 4 章）中也证明，Cl^- 和 SO_4^{2-} 均促进了小麦幼苗对 Cd 的吸收（Zhao et al.，2004）。因此，阴离子可能也是影响 Zn-Cd 交互作用的一个不可忽视的因素。这将在后面的章节中详细论述。

2.2　不同 Zn 水平下小麦幼苗对 Cd 的吸收及 ^{109}Cd 同位素示踪研究

2.2.1　研究方法

1. 实验一：水培实验

（1）植物材料

春小麦（*Triticum aestivum* L.），品种 Brookton。

（2）植物溶液培养及 Cd、Zn 处理

小麦种子用 10% H_2O_2 消毒冲洗后播于珍珠岩中育苗。生长 1 周的幼苗转入含有相同浓度的 $CdCl_2$（20μmol/L）和不同 $ZnSO_4$ 浓度的营养液中于培养室培养。营养液的组分如下：KNO_3，1.33mmol/L；$Ca(NO_3)_2$，1.33mmol/L；$MgSO_4$，0.5mmol/L；KH_2PO_4，0.44mmol/L；FeEDTA，50μmol/L；$CuSO_4$，0.5μmol/L；$MnSO_4$，2.5μmol/L；H_3BO_3，5μmol/L；Na_2MoO_4，0.25μmol/L；$CoSO_4$，0.09μmol/L；NaCl，50μmol/L。用 NaOH 或 HCl 调 pH 至 6。$ZnSO_4$ 的处理浓度为 0、1μmol/L、5μmol/L、10μmol/L、20μmol/L、100μmol/L、200μmol/L、500μmol/L、1000μmol/L、2000μmol/L，共 10 个处理，每处理 4 个重复。装有 500ml 营养液的 PVC 管 24h 通气。每隔 3 天更换一次营养液。培养室的平均温度为 25℃，光照条件保持 14h/10h 的光/暗循环，光强约 280μmol/($m^2 \cdot s$)。幼苗处理 30 天后收获。

（3）植物分析

同 2.1.1 的研究方法。

2. 实验二：^{109}Cd 同位素示踪实验

（1）植物材料与培养

植物材料与培养同实验一：水培实验。

（2）Zn 处理和 ^{109}Cd 示踪

小麦幼苗于完全营养液中预培养 10 天后，进行 Zn 处理，处理浓度同实验一。Zn 处理一周后，每次处理加入相同比活度的 ^{109}Cd（666KBq/L）和相同浓度的 $CdCl_2$（20μmol/L）。24h 后幼苗迅速转入 5mmol/L 的 $CaCl_2$ 溶液，使根完全浸入溶液中，保持 30min，重复 3 次，以除去吸附在根表面的 ^{109}Cd 和 Cd。

（3）植物分析

$CaCl_2$ 溶液洗根后，幼苗分成地上部分和根部，用吸水纸吸干，立即称其鲜重。用 γ 能谱仪（Gi-2519+Accuspe，Canberra，美国）测定地上部分和根部[109]Cd的活度。

2.2.2 结果与分析

1. 生物量

实验一中，幼苗地上部分和根部的干重明显受到了 Zn 处理的影响（$P <$ 0.001）（表 2-8）。1~100μmol/L 的 Zn 浓度下，地上部分和根部生物量均高于不加 Zn 的处理（Zn0），说明缺 Zn 影响了幼苗的生长；在高水平的 Zn 浓度（>100μmol/L）下，幼苗生物量又开始下降，尤其是当 Zn 浓度为 2000μmol/L 时，生物量最小，地上部分为 100μmol/L 下幼苗生物量的 50%，根部仅为 25%。生长后期，植株矮小枯黄，说明幼苗受到了严重的 Zn 毒害。实验二中，由于 Zn 处理时间较短，除 1000μmol/L 和 2000μmol/L 抑制了幼苗生长外，Zn 处理对幼苗生物量的影响不太显著（表 2-8）。

表 2-8　水培条件下不同 Zn 浓度水平对春小麦地上部分和根部生物量的影响

Zn 处理 /(μmol/L Zn)	实验一		实验二	
	地上部分/g	根部/g	地上部分/g	根部/g
0	0.23±0.01	0.14±0.02	0.17±0.02	0.08±0.01
1	0.40±0.03	0.21±0.01	0.15±0.02	0.11±0.01
5	0.35±0.03	0.16±0.01	0.14±0.01	0.08±0.01
10	0.36±0.05	0.20±0.01	0.15±0.01	0.09±0.01
20	0.34±0.05	0.17±0.02	0.16±0.02	0.12±0.01
100	0.29±0.06	0.16±0.01	0.17±0.01	0.11±0.01
200	0.22±0.01	0.14±0.01	0.14±0.01	0.09±0.01
500	0.22±0.01	0.14±0.02	0.16±0.01	0.11±0.01
1000	0.24±0.01	0.12±0.01	0.13±0.01	0.07±0.00
2000	0.15±0.01	0.04±0.00	0.12±0.02	0.05±0.00
ANOVA	$P < 0.001$	$P < 0.001$	NS	$P < 0.001$

2. Cd 和 Zn 的吸收

表 2-9 给出了实验一中幼苗地上部分和根部 Cd、Zn 的浓度。数据显示，幼苗地上部分和根部的 Zn 浓度均随着营养液中 Zn 处理水平的提高而提高（$P <$ 0.001）。0~200μmol/L 的 Zn 对地上部分和根部中 Cd 的吸收积累无明显影响或只

略微提高了 Cd 的浓度，但高浓度的 Zn（500~2000μmol/L）显著抑制了幼苗地上部分和根对 Cd 的吸收，尤其是当 Zn 浓度为 2000μmol/L 时，地上部分 Cd 浓度降低了 34%，而根部则降低了 78%。

表 2-9　水培条件下不同 Zn 浓度水平对春小麦地上部分和根部 Cd、Zn 浓度的影响

Zn 处理 /(μmol/L)	Cd 浓度/(mg/kg DW)		Zn 浓度/(mg/kg DW)	
	地上部分	根部	地上部分	根部
0	142.0±7.6	2 534± 64.7	42.5±7.1	360.0±59.2
1	159.5±6.2	2 867± 86.9	143.5±4	473.5±11.8
5	145±13.7	2 678±257	212.5±14.7	1 770±76.4
10	134±10.8	3 015±169	288.7±14.5	3 293±96.6
20	127±4.7	2 471±185	482.7±37	5 595±467
100	150.4±8.2	3 028±164	1 073±77	16 109±1 774
200	155.4±10.7	3 717±174	1 384±89.6	24 253±2 311
500	107.6±8.8	2 287±571	2 019±222	25 308±1 740
1000	96.9±8.3	1 058± 70.8	3 087±210	24 671±3 017
2000	93.5±2.2	548.1± 41.3	7 060±549	41 509±1 470
ANOVA	$P<0.001$	$P<0.001$	$P<0.001$	$P<0.001$

3. ^{109}Cd 活度

实验二中不同 Zn 处理水平下地上部分和根部 ^{109}Cd 活度测定结果见表 2-10。24h 的同位素示踪实验表明，在短时间内，小麦幼苗对 Cd 的吸收积累亦受到了 Zn 的显著影响。与实验一中 Zn 对 Cd 的浓度影响趋势相似，随着 Zn 水平的增加，^{109}Cd 活度亦有所增加，但与 Zn 浓度并不呈显著的正相关。500μmol/L 以上（包括 500μmol/L）的 Zn 亦显著降低了地上部分的 ^{109}Cd 活度，如 2000μmol/L 的 Zn 浓度水平下，地上部分的 ^{109}Cd 活度与对照相比降低了 52%；根部 ^{109}Cd 活度亦有所下降，但不如地上部分明显。

表 2-10　水培条件下不同 Zn 浓度水平对春小麦地上部分和根部 ^{109}Cd 活度的影响

Zn 处理 /(μmol/L)	^{109}Cd 活度/(10^6Bq/kg DW)	
	地上部分	根部
0	2.67±0.28	18.38±1.14
1	3.63±0.23	16.84±0.9
5	3.31±0.19	16.51±0.97

Zn 处理 /(μmol/L)	^{109}Cd 活度/(10^6Bq/kg DW)	
	地上部分	根部
10	2.91±0.06	17.16±2.79
20	2.87±0.37	17.66±1.15
100	2.26±0.31	21.12±1.27
200	3.00±0.22	25.55±1.67
500	2.3±0.14	38.28±1.6
1000	2.09±0.32	24.19±1.4
2000	1.28±0.2	12.40±0.42
ANOVA	$P<0.001$	$P<0.001$

4. 地上部分 Cd 浓度与 ^{109}Cd 活度的相关分析

实验一中不同 Zn 水平下的地上部分 Cd 浓度与实验二中不同 Zn 水平下的地上部分 ^{109}Cd 活度的相关分析显示，二者呈显著的正相关关系（$r=0.80$）（图 2-2）。同位素示踪实验是研究植物对 Cd 吸收积累的更为直接和精确的方法。此外，同位素示踪实验相对长期实验受到的其他因素的干扰也较少。二者呈现的良好的相关关系表明，实验二证实了实验一的结果。

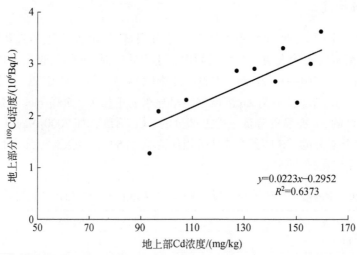

图 2-2　实验一中不同 Zn 水平下的地上部分 Cd 浓度与实验二中
不同 Zn 水平下的地上部分 ^{109}Cd 活度的相关分析

2.2.3 结论与讨论

0～200μmol/L 的 Zn 对地上部分和根部 Cd 的吸收积累无明显影响或只略微提高了 Cd 的浓度，但高浓度的 Zn（500～2000μmol/L）显著抑制了幼苗地上部和根对 Cd 的吸收；低浓度 Zn（0～200μmol/L）对植物体内^{109}Cd 活度无明显影响，浓度在 500μmol/L 以上（包括 500μmol/L）的 Zn 亦显著降低了地上部分的^{109}Cd 活度；不同 Zn 水平下的地上部分 Cd 浓度与不同 Zn 水平下的地上部分^{109}Cd 活度呈显著的正相关关系。

本实验结果证明，Zn 作为植物生长的必需元素，在一定的水平范围内对植物生长具有促进作用，缓解了 Cd 对植物的毒害，Zn 缺乏时植物幼苗生长受到抑制（表2-8）。研究认为，Zn 可能作为细胞膜的结构稳定组分通过参与控制膜脂流动性和膜渗透性等活动来维持细胞膜结构的稳定性（Rygol et al.，1992）。Aβmann等（1996）报道，Zn^{2+}可缓解Cd^{2+}诱导的酵母细胞质膜的破坏（K^+外流）。但高浓度的 Zn 对植物也表现出了毒害作用。这可能主要是因为过量的 Zn 破坏了细胞内的代谢平衡，导致矿质营养状况失调。

实验一中幼苗地上部分和根部的 Cd 浓度与实验二中^{109}Cd 的活度均受到了营养液中 Zn 处理的影响，尤其是高浓度的 Zn，且二者具有显著的相关性（图2-2）表明，Cd 在植物体内的吸收积累对 Zn 的响应，无论是在长期（1 个月）还是短期（24h）条件下，都是相似的。

第3章　土壤–植物系统中的 Zn-Cd 交互作用生理生化机制

　　生物体受到外界或内部的生物与非生物的逆境胁迫时，细胞内的各种生理生化代谢活动都会受到影响而发生改变。大量的研究证明，生物体受到胁迫时最初的反应就是氧化还原代谢失衡，其导致细胞内活性氧积累，即氧化胁迫。活性氧具有很强的氧化能力，正常水平的活性氧是细胞正常生命活动所必需的，但过量的活性氧则会对细胞产生危害，它能和膜脂质、蛋白质、DNA 及其他生物大分子发生反应，引起膜结构和功能的改变，从而对生命有机体造成伤害（Bowler，1992）。植物体内存在着一套活性氧清除系统或抗氧化系统（antioxidant systems），包括专性的抗氧化酶类和非专性的抗氧化剂。抗氧化剂包括还原型谷胱甘肽（GSH）、抗坏血酸（AsA）、维生素 E 等（Alscher and Hess，1993）。这些抗氧化剂与抗氧化物酶共同作用以清除细胞内过量的活性氧，维持细胞的正常生命活动。AsA 在植物叶片质外体的浓度可达到毫摩尔级（Castillo and Greppin，1988；Luwe et al.，1993；Polle et al.，1995；Lyons et al.，1999；Tuecsányi et al.，2000），能迅速与 ROS 发生反应（Kanofsky and Sima，1995），是一个非常有效的抗氧化剂（Smirnoff，2000）。L-半乳糖酸-1，4-内酯（L-Galactono-1，4-lactone，GalL）是抗氧化剂抗坏血酸的生物前体（Wheeler et al.，1998），它在植物体内能够转化成具有生物活性的抗坏血酸。本章 3.1 节从正反两个角度，研究了不同 Cd 浓度处理对小麦幼苗的氧化胁迫毒性，以及通过 L-半乳糖酸-1，4-内酯处理受 Cd 胁迫的小麦幼苗，即提高植物体内的抗氧化剂水平，来研究小麦幼苗受到 Cd 诱导的氧化胁迫是否得到缓解，进一步验证 Cd 作用于细胞氧化还原系统的理论假设。

　　第 2 章的实验结果验证了 Cd 对植物的氧化胁迫毒性。Zn 作为动植物的必需元素，参与许多生理生化过程。对动物的研究表明，Zn 是细胞内抗氧化系统的必需组分，参与多个细胞水平的活动（Bray and Bettger，1990）。Zn 被认为是稳定细胞膜结构的重要因子，参与膜脂流动性及膜渗透性的控制调节（Rygol et al.，1992；Aβmann et al.，1996）。通过取代膜结合位点上的氧化还原活动型重金属如 Fe、Cu 等，Zn 还能降低这些氧化还原活动型重金属诱导的脂质氧化（Girotti et al.，1985）。在动物中，Zn 还可能通过诱导金属硫蛋白（metallothionein，MT）的合成发挥间接的抗氧化剂的作用（Sato and Bremner，1993）。金属硫蛋白富含巯基，不仅可以结合具有氧化活性的重金属（Cd、Cu、Hg 等），还可以提供巯基清除羟自由基和单线态氧。Oteiza 等（1999）对动物的研究中也发现，喂饲 Cd 的大鼠在缺 Zn 的状态下体内膜脂过氧化及蛋白质氧化水平明显高于 Zn 充足的大鼠。Szuster-Ciesielska 等（2000）报道，Cd 诱导的人类肿瘤细胞（HeLa）和牛大动脉内皮细胞（BAECs）活性氧的积累明显受到 Zn 的抑制。但关于对植物的此类研究目前还很少见报道。本章 3.2 节在以上实验的基础上，从细胞水平上研究了 Zn-Cd 交互作用对 Cd 诱导的小麦体内的氧化胁迫毒性的影响。

3.1　抗坏血酸前体 L-半乳糖酸-1，4-内酯对 Cd 诱导的氧化胁迫的影响

3.1.1　研究方法

1. 植物材料

冬小麦（*Triticum aestivum* L.），品种为原冬 977。

2. Cd 对小麦幼苗的氧化胁迫毒性

（1）植物的溶液培养及 Cd 处理

小麦种子用 10% H_2O_2 消毒冲洗后播于珍珠岩中育苗。生长 1 周的幼苗转入完全营养液中于培养室内进行预培养。营养液的组分如下：KNO_3，1.33mmol/L；$Ca(NO_3)_2$，1.33mmol/L；$MgSO_4$，0.5mmol/L；KH_2PO_4，0.44mmol/L；FeEDTA，50μmol/L；$CuSO_4$，0.5μmol/L；$MnSO_4$，2.5μmol/L；$ZnSO_4$，1μmol/L；H_3BO_3，5μmol/L；Na_2MoO_4，0.25μmol/L；$CoSO_4$，0.09μmol/L；NaCl，50μmol/L。用 NaOH 或 HCl 调 pH 至 6。装有 1100ml 营养液的 PVC 管 24h 通气。每隔 3 天更换一次营养液。预培养 3~4 天后，对小麦幼苗进行不同浓度的 Cd 处理：0、10μmol/L、25μmol/L、50μmol/L，每处理 4 个重复。培养室的平均温度为 25℃，光照条件保持 14h/10h 的光/暗循环，光强约为 280μmol/(m^2·s)。幼苗处理两周后收获。

（2）膜透性的测定

参照 Llamas 等（2000）的方法测定。收获前将处理的幼苗根用预冷的 1mmol/L $CaCl_2$ 溶液冲洗两次，以除去质外体中的营养液，然后用吸水纸吸干。冲洗后的活体根转入 25ml 1 mmol/L$CaCl_2$ 溶液，培养 4h，期间通气或轻轻抖动。培养条件与幼苗前期培养相同。4h 后收集培养液，测定其 K^+ 量，幼苗根的膜透性用每克鲜重根外流的 K^+ 量来表示，单位为 μmol K^+/g FW。

（3）活体根的 H_2O_2 半定量定位染色

活体根的 H_2O_2 染色参照 Schützendübel 等（2001）的方法。碘化钾/淀粉染色剂的配制：0.1mol/L 的碘化钾与 4% 的淀粉溶液混合，调 pH 至 5。把不同 Cd 浓度处理的即将收获的小麦幼苗从营养液取出，用吸水纸吸干根表面的营养液后，立即将连着整个植株的幼苗根浸入染色剂中，染色 30~45min，染色完毕后用去离子水冲洗根，剪取根尖部位在显微镜下观察。

（4）H_2O_2 含量的定量测定

称取小麦幼苗鲜样约 2g 于研钵中，加入 3ml 预冷的丙酮研磨成匀浆，于 10 000×g 下离心 10min。取 1ml 上清液转入干净的离心管，分别加入 0.1ml 5% $Ti(SO_4)_2$ 和 0.2ml 浓氨水。待沉淀形成后，于 10 000×g 下离心 10min，弃去上清液，沉淀用 2mol/L 的 H_2SO_4 溶解，415nm 处测定分光光度值。根据 H_2O_2 标准曲线计算 H_2O_2 的含量（Mulherjee and Choudhuri, 1983）。

（5）膜脂过氧化-丙二醛（MDA）含量的测定

MDA 含量参照 Heath（1968）的方法测定。称取幼苗鲜样约 1g 于研钵中，加入 2ml 溶于 10% 三氯乙酸（TCA）的 0.25% 的硫代巴比妥酸溶液（TBA），研磨匀浆。匀浆液于 95℃ 的水浴中加热 30min 后，放入冰浴中迅速冷却，然后在 10 000×g 下离心 10min，上清液分别于 532nm 和 600nm 处读取分光光度值，根据 MDA 的吸收系数 $\varepsilon=155$mmol/（L·cm）计算 MDA 含量。

3. GalL 对 Cd 诱导的氧化胁迫的影响

（1）GalL 及 Cd 处理

对在完全营养液中预培养 3 天后的幼苗进行 GalL 及 Cd 处理。GalL 的浓度为 25mmol/L，幼苗在含 GalL 的营养液中培养 24h，转入含 Cd 的营养液，Cd 的浓度为 25μmol/L，对照为不加 GalL 和 Cd 处理，实验共 6 个处理（表 3-1），每处理 4 个重复。++GalL 表示幼苗在 Cd 处理前后用 GalL 各处理一次，在加 GalL 和 Cd 处理 3 天后再以同样浓度和时间处理 GalL 一次。第二次 GalL 处理 1 周后收获。

表 3-1 实验设计及处理

1	2	3	4	5	6
-GalL	+GalL	-GalL	+GalL	++ GalL	++ GalL（25 mmol/L）
-Cd	-Cd	+Cd	+Cd	-Cd	+Cd（25μmol/L）

（2）H_2O_2 与 MDA 含量的测定

称取小麦幼苗鲜样约 2g 于研钵中，加入 3ml 预冷的丙酮研磨成匀浆，于 10 000×g 下离心 10min。取 1ml 上清液转入干净的离心管，分别加入 0.1ml 5%

Ti(SO₄)₂和 0.2ml 浓氨水。待沉淀形成后，于 10 000×g 下离心 10min。弃去上清液，沉淀用 2mol/L 的 H₂SO₄ 溶解，415nm 处测定分光光度值。根据 H₂O₂ 标准曲线计算 H₂O₂ 的含量（Mulherjee and Choudhuri，1983）。

MDA 含量参照 Heath（1968）的方法测定。称取幼苗鲜样约 1g 于研钵中，加入 2ml 溶于 10% 三氯乙酸的 0.25% 的硫代巴比妥酸溶液，研磨匀浆。匀浆液于 95℃的水浴中加热 30min 后，放入冰浴中迅速冷却，然后在 10 000×g 下离心 10min，上清液分别于 532nm 和 600nm 处读取分光光度值，根据 MDA 的吸收系数 $\varepsilon = 155\text{mmol}/(\text{L·cm})$ 计算 MDA 含量。

（3）过氧化物酶活性分析

称取 1g 鲜样于研钵中，加入预冷的 50mmol/L 的磷酸缓冲液（pH 为 7）5ml（含 1% 聚乙烯吡咯烷酮），冰浴中研磨匀浆，匀浆液转入离心管于 10 000×g 下冷冻（4℃）离心 20min，上清液即为酶提取液，过氧化物酶（GPX）活性参照 Mazhoudi 等（1997）的方法。酶液蛋白质含量用紫外分光光度法测定（李合生，2000）。酶活性以每毫克蛋白每分钟分光光度值下降或升高的量表示，单位为 U/(min·mg)protein。

3.1.2 结果与分析

1. Cd 对小麦幼苗的氧化胁迫毒性

（1）Cd 对小麦幼苗生长的影响

图 3-1 显示，加 Cd 显著抑制了小麦幼苗的生长。0～10μmol/LCd 处理，幼苗生物量显著减少，其中地上部分的生物量较对照减少约 60%，根部生物量减少约 45%。50μmol/LCd 浓度下，幼苗生物量仅为对照的 1/5 左右。

（2）Cd 对小麦幼苗 H₂O₂ 含量的影响

H₂O₂ 染色实验是根据 H₂O₂ 的强氧化性质和淀粉遇 I₂ 变蓝的原理进行的。如果根部有活性氧（H₂O₂）产生，H₂O₂ 将把染色剂中的碘化钾氧化为碘分子，碘与淀粉反应显蓝色。染色愈深，说明产生的 H₂O₂ 量愈多。图 3-2 的染色结果表明，随着 Cd 浓度的提高，幼苗根染色也逐渐加深，说明 Cd 胁迫越严重，诱导产生的 H₂O₂ 也越多。

H₂O₂ 是活性氧的重要组分之一，其含量是生物体受氧化胁迫程度的重要指标。由图 3-2 可知，高浓度 Cd 胁迫下的幼苗根 H₂O₂ 含量较高。本书通过定量的检测方法对幼苗 H₂O₂ 含量进行了测定。由图 3-3 可以看出，Cd 处理显著提高了幼苗地上部和根中 H₂O₂ 的水平，并呈显著的正相关关系，与染色结果一致。在 10μmol/L 的 Cd 浓度下，地上部分和根部的 H₂O₂ 水平均为对照的 3 倍，25μmol/L 下为对照

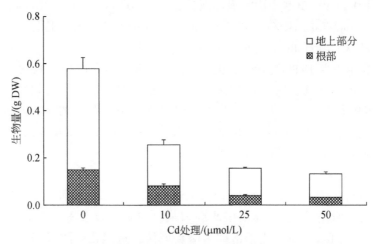

图 3-1　不同 Cd 水平下小麦幼苗地上部分和根部的干重

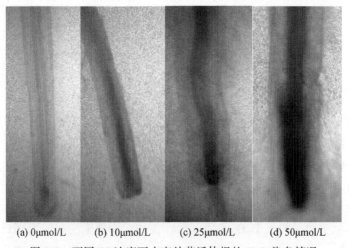

(a) 0μmol/L　　(b) 10μmol/L　　(c) 25μmol/L　　(d) 50μmol/L

图 3-2　不同 Cd 浓度下小麦幼苗活体根的 H_2O_2 染色情况

的 5 倍；50μmol/L 的 Cd 浓度下，地上部分 H_2O_2 水平为对照的 6.5 倍，而根部 H_2O_2 水平则达到对照的 20 倍。H_2O_2 含量随 Cd 浓度的提高而提高表明，Cd 的确诱导了小麦幼苗的氧化胁迫，且浓度越高，胁迫越严重。

（3）Cd 对小麦幼苗膜脂过氧化的影响

膜脂过氧化的终产物是 MDA，所以通常用测定 MDA 的生成量来表示膜脂过氧化的程度。不同 Cd 浓度处理下的小麦幼苗体内 MDA 的生成量如图 3-4 所示。与 H_2O_2 相似，MDA 生成量亦明显随 Cd 处理浓度的提高而提高。幼苗地上部分

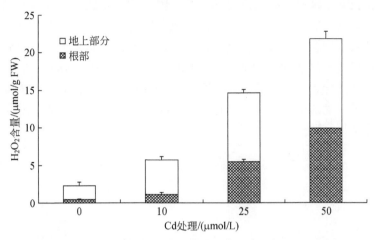

图 3-3　不同 Cd 水平下小麦幼苗地上部分和根部的 H_2O_2 含量

MDA 含量在 10μmol/L Cd 浓度时为对照的 2 倍，25μmol/L 时为对照的 2.5 倍，50μmol/L 时为对照的 3 倍；根中 MDA 含量变化比地上部相对更为明显，3 个 Cd 浓度下的含量分别是对照的 3 倍、4 倍、4.5 倍。

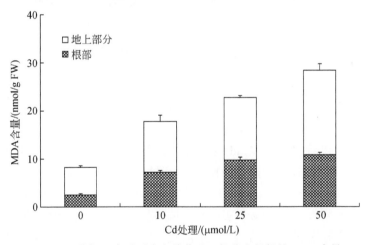

图 3-4　不同 Cd 水平下小麦幼苗地上部分和根部的 MDA 含量

（4）Cd 对小麦幼苗根细胞膜透性的影响

膜透性是检测细胞膜结构是否完整或者膜结构损害程度的指标。细胞膜是细胞最重要的结构之一，真核细胞中存在着发达的生物膜系统，细胞膜包括质膜和内膜系统。细胞质膜作为特殊的屏障把细胞与外界环境隔离开来，它严格而有序地控制着细胞与外界环境之间的物质、能量及信息交换。因此，质膜的结构和功能对植物生长和生理过程有着重要的影响，膜结构和功能的完整性是植物细胞正常代谢和生命活动的前提，其主要功能有质子跨膜运输、膜电位的建立、离子及其他溶质的吸收和转运、信号传导、抗性等。然而，细胞膜也是过氧化损伤的首要部位，逆境诱导的活性氧增加会导致膜脂过氧化，MDA 的测定结果已经证实。膜脂过氧化必然导致膜结构破坏，膜透性也就会增强。从图 3-5 可以看出，Cd 处理明显增强了小麦幼苗根细胞质膜的透性，且与 Cd 浓度呈显著的正相关关系。与膜脂过氧化结果一致。

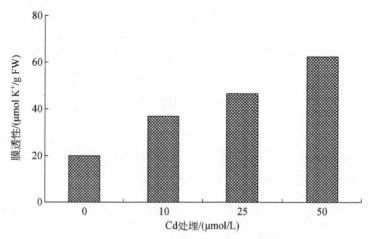

图 3-5　不同 Cd 水平下的小麦幼苗根细胞膜透性

2. GalL 对 Cd 诱导的氧化胁迫的影响

（1）GalL 及 Cd 处理对 H_2O_2 含量的影响

由图 3-6 可以看出，不加 Cd 的情况下，即在无胁迫的正常生长条件下，加 GalL 与不加 GalL 对幼苗体内的 H_2O_2 含量无明显影响。而 Cd 胁迫条件下，加 GalL 与不加 GalL 之间 H_2O_2 含量差异显著。不加 GalL 时 25μmol/L 的 Cd 浓度下 H_2O_2 含量明显增加，比对照高出 56%，表明 Cd 胁迫诱导了 H_2O_2 的产生。而 Cd 胁迫前加 GalL 处理则极显著地降低了幼苗体内的 H_2O_2 含量，由 11.4μmol/g 下降至 4.5μmol/g。第二次的加 GalL 处理对 H_2O_2 含量并无显著的影响。

（2）GalL 及 Cd 处理对 MDA 含量的影响

小麦幼苗体内 MDA 的生成情况如图 3-7 所示。加 Cd 处理的幼苗 MDA 含量均显著高于未加 Cd 的处理的幼苗。无论是第一次的 GalL 处理还是第二次的 GalL 处理对 MDA 含量均无显著影响，对 Cd 胁迫诱导的 MDA 的产生未表现出抑制效应。这与预期的结果相反，同 H_2O_2 含量测定结果也不一致。据此认为，Cd 胁迫对膜

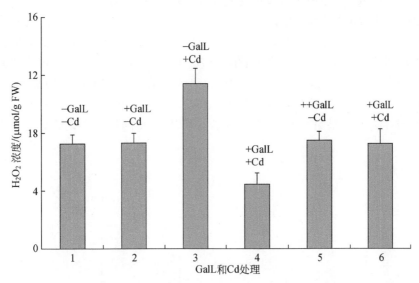

图 3-6　水培条件下不同 GalL 和 Cd 处理对小麦幼苗地上部分 H_2O_2 含量的影响

脂过氧化的影响不是单纯通过活性氧途径而产生的，可能还通过其他途径或直接诱导了膜脂过氧化。

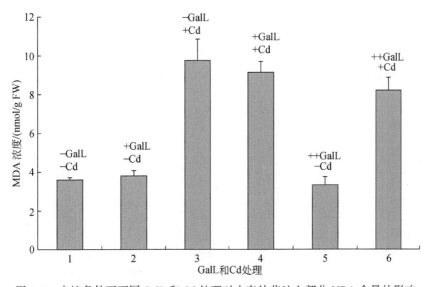

图 3-7　水培条件下不同 GalL 和 Cd 处理对小麦幼苗地上部分 MDA 含量的影响

（3）GalL 及 Cd 处理对过氧化物酶（GPX）活性的影响

GPX 是重要的抗氧化物酶之一，它将 H_2O_2 分解为水和氧分子，从而清除植物体内的活性氧。不同 GalL 和 Cd 处理下小麦幼苗地上部分和根部 GPX 的活性如图 3-8 所示。GPX 对 GalL 和 Cd 的响应与 H_2O_2 含量呈负相关，同预期的结果一致。Cd 胁迫下，幼苗地上部分 GPX 的活性显著受到了抑制，而加 GalL 处理则使 GPX 的活性提高了近 1 倍；在无 Cd 胁迫的条件下，加 GalL 处理也促进了GPX 的活性，尤其是第二次 GalL 处理后。根部 GPX 的活性变化趋势与地上部分相似。

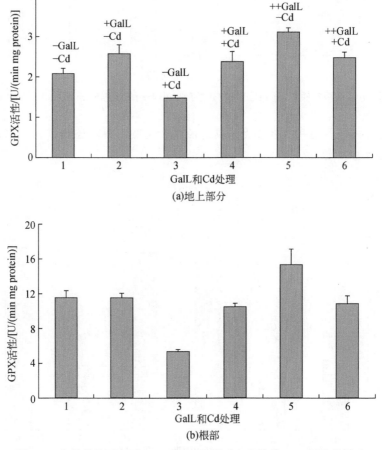

图 3-8　水培条件下不同 GalL 和 Cd 处理对小麦幼苗 GPX 活性的影响

3.1.3　结论与讨论

综上所述，Cd 胁迫严重抑制了小麦的生长和叶绿素的合成，增加了活性氧 H_2O_2 在小麦地上部分和地下部分的积累，增加了膜脂过氧化产物 MDA 的产生，并与 Cd 处理浓度呈显著的正相关关系。表明 Cd 诱导了植物体内的氧化胁迫毒性，抗氧化剂抗坏血酸的前体 L-半乳糖酸-1，4-内酯处理明显降低了 Cd 胁迫小麦幼苗体内 H_2O_2 的积累，并提高了过氧化物酶的活性，说明 L-半乳糖酸-1，4-内酯具有显著缓解 Cd 诱导的氧化胁迫效应。同时验证了 Cd 对植物氧化还原系统毒性的机理假设。

Cd 作为一种重要的环境污染物，对生物的毒性已有很多研究和报道。Cd 胁迫会诱导植物体内多种生理生化过程和代谢的变化，但我们为什么选择氧化还原系统进行研究？首先，大量的研究证明，生物体受到胁迫时在出现各种生理生态效应之前，最初的反应就是氧化还原代谢失衡，其导致细胞内活性氧积累，即氧化胁迫。活性氧具有很强的氧化能力，过量的活性氧会和膜脂质、蛋白质、DNA 及其他生物大分子发生反应，引起细胞内一系列的生理生化过程和代谢的变化，以及膜结构和功能的改变，从而造成植物细胞受损甚至死亡。

从对不同 Cd 浓度处理的小麦幼苗各指标的测定结果来看，Cd 诱导了小麦幼苗体内活性氧 H_2O_2 的积累，且随 Cd 浓度的升高，H_2O_2 含量急剧增加。H_2O_2 是活性氧的重要组分之一，其含量是生物体氧化胁迫的重要指标。在 $50\mu mol/L$ 的 Cd 浓度下，地上部分 H_2O_2 水平达到了对照的 6.5 倍，而根部 H_2O_2 水平则达到了对照的 20 倍。MDA 作为膜脂过氧化的终产物，常用来表示膜脂过氧化的程度。MDA 含量变化与 H_2O_2 相似，同样随 Cd 浓度的升高显著增加。MDA 含量的增加表明幼苗细胞的膜结构和功能受到了破坏。重金属 Cd 属于氧化还原非活动型金属，理论上不干扰植物体内的氧化还原反应。但本实验结果与上述理论相悖，其原因仍不十分清楚。有学者认为，这可能与 Cd 诱导植物 PCs 的合成有关（Schützendübel et al.，2002）。Cd 被植物吸收后，会诱导 PCs 的合成，合成 PCs 的前体物质是 GSH，而 GSH 是植物体内重要的抗氧化剂之一。因此，Cd 进入植物体后，由于 PCs 的合成，必然导致 GSH 库的削减。许多研究已经证实，Cd 胁迫早期的共同反应就是细胞内 GSH 库的迅速削减（罗立新等，1998；Schützendübel et al.，2001；Olmos et al.，2003）。抗氧化剂水平的变化必然导致一系列抗氧化还原反应的变化。

根据 Cd 对植物细胞氧化还原系统毒性的机理假设模型，Cd 胁迫诱导细胞内活性氧的积累，产生氧化胁迫。而增加细胞内抗氧化系统某一组分，就能缓解 Cd 诱导的氧化胁迫。GalL 是抗氧化剂抗坏血酸的生物前体，用抗氧化剂抗坏血酸的生物前体 L-半乳糖酸-1，4-内酯处理受 Cd 胁迫的幼苗，显著提高植物体的抗氧化能力，缓解了 Cd 诱导的氧化胁迫，不仅从另一个角度证明了 Cd 对植物的氧化胁迫毒性，同时为该假设提供了实验证据。Maddison 等（2002）研究报道，用 GalL 处理受 O_3 胁迫的 O_3 敏感型萝卜，萝卜体内 AsA 含量升高，O_3 对萝卜的氧化胁迫毒性亦明显减轻。Cd 胁迫诱导细胞内活性氧的积累，产生氧化胁迫。根据 Cd 作用于植物细胞氧化还原系统的机理假设，提高细胞内抗氧化系统某一组分水平，就能缓解 Cd 诱导的氧化胁迫。本实验中用 GalL 处理显著降低了小麦幼苗 H_2O_2 含量（图 3-6）并显著提高了 GPX 的活性（图 3-8），表明随着幼苗细胞内抗坏血酸水平的提高，整个抗氧化系统会发生一系列变化。抗氧化物酶活性提高，抗氧化能力也会随之提高，这会有效地清除 Cd 诱导产生的过多的活性氧。该结果验证了 Cd 作用于植物细胞氧化还原系统的机理假设。但 MDA 的结果与该理论假设并不一致，GalL 处理并没有减少 MDA 的生成（图 3-7）。我们推测，Cd 对膜脂过氧化的诱导可能还有其他途径或者是 Cd 可能直接作用于膜脂，导致膜脂过氧化。这有待于进一步研究。

3.2 Zn 对 Cd 诱导的小麦幼苗氧化胁迫的缓解效应研究

3.2.1 研究方法

1. 植物材料

冬小麦（*Triticum aestivum* L），品种为原冬 977。

2. 植物培养与处理

小麦种子用 10% H_2O_2 消毒冲洗后播于珍珠岩中育苗。生长 1 周的幼苗转入完全营养液中于培养室内进行预培养。营养液的组分如下：KNO_3，1.33mmol/L；$Ca(NO_3)_2$，1.33mmol/L；$MgSO_4$，0.5mmol/L；KH_2PO_4，0.44mmol/L；FeEDTA，50μmol/L；$CuSO_4$，0.5μmol/L；$MnSO_4$，2.5μmol/L；$ZnSO_4$，1μmol/L；H_3BO_3，5μmol/L；Na_2MoO_4，0.25μmol/L；$CoSO_4$，0.09μmol/L；NaCl，50μmol/L。用 NaOH 或 HCl 调 pH 至 6。装有 1100ml 营养液的 PVC 管 24h 通气。每隔 3 天更换一次营养液。$ZnSO_4$ 处理浓度为 0、1μmol/L、10μmol/L、50μmol/L。各处理加入相同浓度的 $CdCl_2$（25μmol/L）。每处理 4 个重复，处理 10 天后收获。

3. 叶绿素相对含量的测定

叶绿素相对含量用叶绿素读数计（SPAD-502，Minolta）测定。选取具有代表性的叶片进行读数，每盆至少读数 10 次，取平均值。

4. 植物 Cd、Zn 分析

收获的小麦幼苗分成根和地上部分，根用去离子水充分洗净，于 70℃ 烘箱中烘 48h，称其干重。称重后的根和地上部分干样于玛瑙研钵中研碎，取 0.25g 加入 5ml 优级纯混合酸（HNO_3：$HClO_4$=6：1）160℃ 下消煮 8h。消煮液用高纯水定容至 50ml。溶液中的 Cd、Zn 浓度用 ICP-MS 测定。

5. H_2O_2 和 MDA 含量的测定

参照 3.1.1 中 H_2O_2 和 MDA 含量的测定。

6. 酶液提取

称取 1g 鲜样于研钵中，加入预冷的 50mmol/L 的磷酸缓冲液（pH 为 7）5ml（含 1% 聚乙烯吡咯烷酮），冰浴中研磨匀浆，匀浆液转入离心管 10 000×g 下冷冻（4℃）离心 20min，上清液即为酶提取液，用于过氧化氢酶（CAT）、过氧化物酶（GPX）和抗坏血酸氧化酶（APX）的活性测定。酶液蛋白质含量用紫外分光光度法测定（李合生，2000）。酶活性以每毫克蛋白每分钟分光光度值下降或升高的量表示，单位为 U/（min·mg）protein。

7. CAT 活性分析

参照 Chance 和 Maehly（1955）的方法。取 3ml CAT 反应混合液（50mmol/L 磷酸缓冲液，pH 为 7；19mmol/L H_2O_2）于光径 1cm 的石英比色皿中，加入 0.2ml 酶提取液后来回倒置两次，立即于 240nm 处比色，以每分钟每毫克蛋白降低的分光光度值表示酶活性。

8. GPX 活性分析

参照 Mazhoudi 等（1997）的方法，略有改动。取 3ml GPX 反应混合液（50mmol/L 磷酸缓冲液，pH 为 7；0.2mmol/L 愈创木酚；19mmol/L H_2O_2）于光径 1cm 的石英比色皿中，加入 0.2ml 酶提取液后来回倒置两次，立即于 470nm 处比色，以每分钟每毫克蛋白升高的分光光度值表示酶活性。

9. APX 活性分析

参照 Nakano 和 Asada（1981）的方法，略有改动。取 3ml APX 反应混合液（50mmol/L 磷酸缓冲液，pH 为 7；0.2mmol/LEDTA；0.5mmol/LAsA；19mmol/L H_2O_2）于光径 1cm 的石英比色皿中，加入 0.2ml 酶提取液后来回倒置两次，立即

于 290nm 处比色,以每分钟每毫克蛋白升高的分光光度值表示酶活性。

3.2.2 结果与分析

1. 生物量与叶绿素相对含量

小麦幼苗生长明显受到了 Zn 处理的影响(图 3-9),不同 Zn 水平下的幼苗生物量见表 3-2。与对照相比,1μmol/L Zn、10μmol/L Zn、50μmol/L Zn 浓度下根干重明显增加(P=0.016),分别较对照增加了 30%、50% 和 40%。50μmol/L Zn 下有所减少,但仍高于对照。地上部分的干重与根干重变化趋势相似,但无统计性显著差异。

图 3-9   25μmol/L 的 Cd 胁迫下不同 Zn 水平处理的小麦幼苗生长状况

叶绿素是植物光合作用的物质基础,其含量是光合效率的重要指标。不少研究报道,Cd 胁迫会使植物叶绿体破坏,叶绿素含量下降(Ouzounidou et al.,1997;Öncel et al.,2000)。受 Cd 胁迫的小麦幼苗在不同 Zn 浓度处理下的相对叶绿素含量如表 3-2 所示,0~10μmol/LZn 浓度下叶绿素相对含量随着 Zn 浓度的提高而提高,但当 Zn 浓度升至 50μmol/L 时,叶绿素相对含量又明显降低,甚至低于对照(P<0.001)。

表 3-2   Zn-Cd 交互作用下冬小麦幼苗的生物量和叶绿素相对含量

Zn 处理 /(μmol/L)	生物量/(g/干重)		叶绿素相对含量
	地上部分	根部	—
0	0.065±0.006	0.021±0.001	26.1±0.5
1	0.078±0.006	0.027±0.002	30.5±0.9

续表

Zn 处理 /（μmol/L）	生物量/（g/干重）		叶绿素相对含量
	地上部分	根部	—
10	0.082±0.008	0.032±0.003	32.3±1.4
50	0.078±0.005	0.029±0.002	23.7±0.8
方差分析	NS	$P=0.016$	$P<0.001$

注：NS 表示无显著差异；DW 表示干重。

生物量和叶绿素相对含量的数据均表明，Zn 的加入降低了 25μmol/L 的 Cd 对小麦幼苗的毒性，并与 Zn 浓度呈正相关关系。但当 Zn 浓度高至 50μmol/L 时，Zn 对幼苗产生的毒害效应似乎超出了对 Cd 的诘抗效应。

2. Cd、Zn 的吸收

表 3-3 数据表明，除 1μmol/L 的 Zn 浓度下幼苗地上部分 Cd 浓度降低外，幼苗地上部分和根部 Cd 浓度受 Zn 处理的影响不大。因此，可以说，Zn 对 Cd 胁迫下的小麦幼苗的保护作用与 Zn 对小麦 Cd 吸收的影响无关。幼苗地上部分和根部 Zn 的浓度均随 Zn 处理水平的提高而提高，呈显著的正相关关系（表 3-3）。

表 3-3　Zn-Cd 交互作用下冬小麦幼苗地上部分和根部 Cd、Zn 的浓度

Zn 处理 /（μmol/L）	Cd 浓度/（mg/kg DW）		Zn 浓度/（mg/kg DW）	
	地上部分	根部	地上部分	根部
0	156±2.9	1709±41	21.7±5.7	124±23
1	105±9.6	1846±50	73.3±12.5	265±9
10	155±15.1	2146±173	140.8±12.6	1766±159
50	130±9.4	2032±117	256±10	3234±161
方差分析（ANOVA）	$P=0.033$	NS	$P<0.001$	$P<0.001$

注：NS 表示无显著差异；DW 表示干重。

3. H_2O_2 和 MDA 含量

不同 Zn 水平处理下 H_2O_2 和 MDA 含量测定结果如表 3-4 所示。本实验中，Zn 的加入明显降低了幼苗地上部分和根部 H_2O_2 的含量，地上部分 H_2O_2 的含量从对照的 11.47μmol/g FW 下降至 50μmol/L 的 7.22μmol/g FW，根部 H_2O_2 的含量从 4.44μmol/g FW 降至 2.96μmol/g FW。

MDA 含量的变化趋势与生物量、叶绿素相对含量及 H_2O_2 含量结果基本一致。加 Zn 显著降低了地上部分 MDA 的含量，如加入 1μmol/L 和 10μmol/L 的 Zn，地上部分 MDA 含量由对照的 17nmol/g FW 降至 11.7nmol/g FW 左右；尽管 50μmol/LZn 浓度下 MDA 含量又有所回升，但仍低于对照。根部，虽然加 Zn 也降低了 MDA 含量，但不同 Zn 水平之间无统计性显著差异。

H_2O_2 和 MDA 的测定结果表明 Zn 阻止了 Cd 胁迫下小麦幼苗体内活性氧及膜脂过氧化产物的积累，也就是说，Zn 对 Cd 诱导的氧化胁迫和膜脂过氧化具有缓解作用。

表 3-4　Zn-Cd 交互作用下冬小麦幼苗地上部分和根部 H_2O_2 和 MDA 的含量

Zn 处理 /(μmol/L)	H_2O_2 含量/(μmol/g FW)		MDA 含量/(nmol/g FW)	
	地上部分	根部	地上部分	根部
0	11.47±0.4	4.44±0.44	17.06±0.43	9.46±0.66
1	12.62±0.68	2.73±0.10	11.73±0.30	7.81±0.64
10	7.56±0.15	5.02±0.46	11.67±0.89	7.95±0.39
50	7.22±0.37	2.96±0.20	14.06±0.36	7.38±0.24
ANOVA	$P<0.001$	$P<0.002$	$P<0.001$	NS

4. 抗氧化物酶活性

抗氧化物酶是植物体内抗氧化系统的重要组分，极易受氧化胁迫的影响。因此，本书对几个重要的抗氧化物酶活性进行了测定。

(1) CAT 活性

CAT 主要存在于过氧物酶体中，其主要作用是保护细胞不受活性氧 H_2O_2 对细胞的氧化毒害作用，它催化 H_2O_2 分解为水和分子氧的反应，而不产生任何自由基。Zn 的加入显著提高了地上部分 CAT 的活性，与对照相比，在 10μmol/L 的 Zn 浓度下地上部分 CAT 的活性增加了 53%。但在 50μmol/L 的 Zn 浓度下，CAT 的活性又开始下降，接近于对照水平 [图 3-10(a)]。地上部分 CAT 的活性与 H_2O_2 含量基本上呈负相关，二者结果一致。根部在 1μmol/L 和 50μmol/L 的 Zn 浓度下 CAT 的活性亦有显著升高 [图 3-10(b)]。

(2) GPX 活性

GPX 是重要的过氧化物酶之一，它也可催化 H_2O_2 分解为水和分子氧的反应，而清除活性氧 H_2O_2。如图 3-11 所示，GPX 活性通过随 Zn 浓度的增加而提高。地上部分 [图 3-11 (a)]，GPX 活性变化趋势与 CAT 一致。低浓度 Zn 处理下 (0.1μmol/L、10μmol/L)，GPX 活性逐渐增加，但增加幅度相对 CAT 较小，50μmol/L 的 Zn 浓度下 GPX 活性也开始下降，略低于对照。根部，GPX 活性均随 Zn 浓度的增加而增加 [图 3-11 (b)]。

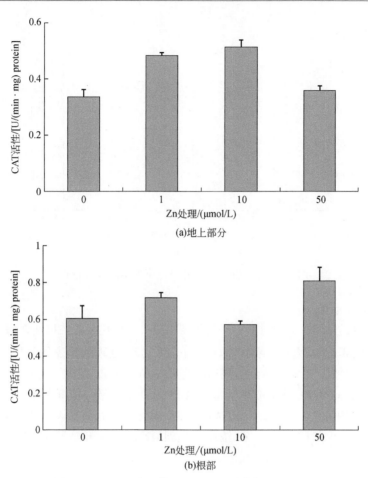

(a)地上部分

(b)根部

图 3-10　Zn-Cd 交互作用下冬小麦幼苗的 CAT 活性

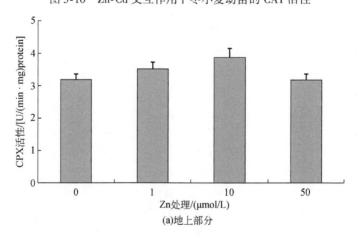

(a)地上部分

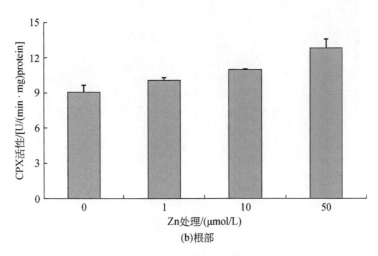

(b)根部

图 3-11　Zn-Cd 交互作用下冬小麦幼苗 GPX 活性

（3）APX 活性

APX 是抗坏血酸–谷胱甘肽循环的重要组分，它催化反应：抗坏血酸+H_2O_2⟶H_2O+脱氢抗坏血酸，从而清除 H_2O_2。1μmol/L Zn 处理的小麦幼苗地上部分 APX 活性比对照增加了 52%，达到最高值，但在 1μmol/L Zn 浓度下达到最高值后便开始下降，50μmol/L Zn 处理的地上部分 APX 活性较之最高值降低了 50% 左右 ［图 3-12（a）］。由图 3-12 可知，与 CAT、GPX 相比，地上部分 APX 对 Zn 更加敏感。而根部 APX 活性在 10μmol/L Zn 浓度下达到最高值后才开始下降，但 50 处仍比对照高出约 53% ［图 3-12（b）］。

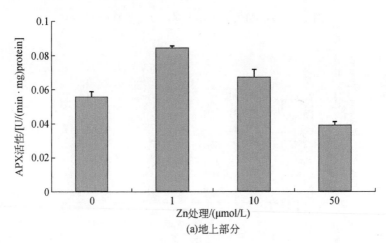

(a)地上部分

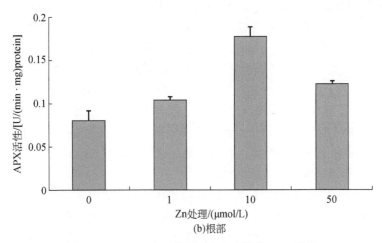

图 3-12　Zn-Cd 交互作用下冬小麦幼苗 APX 活性

3.2.3　结论与讨论

综上可知，加 Zn 促进了小麦的生长和叶绿素的合成，降低了 Cd 诱导的 H_2O_2 和 MDA 的积累，并提高了被 Cd 抑制的小麦幼苗抗氧化物酶的活性。这些均表明加 Zn 缓解了 Cd 诱导的植物的氧化胁迫。但这种缓解效应并非由于 Zn 影响小麦对 Cd 的吸收所致，这可能与 Zn 作为必需元素参与植物细胞中各种与氧化还原系统有关的生理生化反应过程有关。

在动物研究中，Zn 被认为是细胞内抗氧化系统的必需组分，参与多个细胞水平的活动（Bray and Bettger，1990）。例如，通过取代膜结合位点上的氧化还原活动型重金属如 Fe、Cu 等，Zn 能降低这些氧化还原活动型重金属诱导的脂质氧化（Girotti et al.，1985）。在动物中，Zn 还可能通过诱导金属硫蛋白（metallothionein，MT）的合成发挥间接的抗氧化剂的作用（Sato and Bremner，1993）。金属硫蛋白富含巯基，不仅可以结合具有氧化活性的重金属（Cd、Cu、Hg 等），还可以提供巯基清除羟自由基和单线态氧。理论上 Zn 在植物中也可能参与植物体内的抗氧化活动，因此，Zn 也就会对 Cd 的氧化胁迫毒性产生拮抗作用。通过以上实验结果可以得出结论：加 Zn 可以减轻 Cd 对小麦幼苗的毒害。在 25μmol/L 的 Cd 胁迫下加 Zn 处理，生物量、叶绿素相对含量均明显增加，H_2O_2 和 MDA 含量却显著降低，而与此同时抗氧化物酶活性则显著升高。所有这些现象均表明，幼苗受到的 Cd 毒害明显得到了缓解。与不加 Zn 的对照相比，10μmol/L 的 Zn 浓度使生物量增加了约 50%，膜脂过氧化降低了约 32%，H_2O_2 积累减少了约 37%，抗氧化物酶活性提升了 53%～122%。Aravind 等（2003）进行的实验研究也得出了相似的结论，他们发现 Zn 可以缓解 Cd 对一种大型的淡水植物金鱼藻（*Ceratophyllum demersum*）诱导的氧化胁迫。因此，Zn 在植物抵抗重金属胁迫过程中也可能发挥着重要作用。然而，当 Zn 浓度达到 50μmol/L 时，小麦幼苗的生物量、叶绿素相对含量及酶活性（尤其是地上部）又低于 10μmol/L Zn 浓度下的。据报道，大量施 Zn 也会导致 Zn 中毒（Marschner，1995）。根据本书对 50μmol/L 的 Zn 浓度处理下的幼苗地上部分和根部 Zn 浓度的分析可知，地上部分 Zn 浓度为 256mg/kg DW，根部为 3234mg/kg DW（表 3-3），该值远远超出了一般植物中正常的含 Zn 水平，尤其是根部（Marschner，1995）。因此，可以推测，这些指标在 50μmol/L 的 Zn 浓度下出现的回降现象很可能是由 Zn 毒害所致。

从对不同 Zn 浓度下的幼苗地上部分和根部 Cd 浓度的分析结果可以看出，在 0～50μmol/L 的 Zn 浓度范围内，小麦体内的 Cd 浓度受 Zn 的影响并不明显，说明 Zn 对 Cd 毒害的缓解作用并非由 Cd 浓度降低所致，而有可能与 Zn 参与 Cu-超氧化物歧化酶（Cu-SOD）的活性部位组成有关。超氧化物歧化酶是活性氧清除系统中非常重要的酶，有学者认为 Zn 是细胞外和细胞内的 Cu-超氧化物歧化酶具有生物活性所必需的（León et al.，2002）。本实验中，低水平的 Zn 浓度对应相对较低的抗氧化能力，而相对适宜的 Zn 浓度（10μmol/L）对应较高的抗氧化能力。Zn 在植物抵抗重金属胁迫过程中发挥着重要的作用，这种作用与元素吸收的交互作用无关，很可能与 Zn 作为必需元素参与植物细胞中各种与氧化还原系统有关的生理生化反应过程有关，是生理生化功能水平上的交互作用。

第 4 章　磷肥和钾肥陪伴阴离子对土壤植物系统中 Cd 迁移的影响

一般认为，影响 Zn-Cd 交互作用的因素主要是土壤性质（包括背景 Zn 含量）、植物种类和 Cd/Zn 值等。除此之外，土壤 P 水平可能也是一个不可忽视的因素，尤其是对于低 P 或高 P 土壤。不少研究证实，施 P 显著促进植物对 Cd 的吸收积累（Andersson and Siman，1991；McLaughlin et al.，1995；Grant and Bailey 1997；Yang et al.，1999；Maier et al.，2002）。过去一般认为这主要是由于 P 肥中含有一定量的 Cd 造成的（Bogdanovic et al.，1999），然而，Choudhary·等（1994）和 Yang 等（1999）分别在土壤和营养液中施加试剂纯的 P（其 Cd 杂质含量非常低，可以忽略不计），小麦和玉米体内的 Cd 浓度均随着 P 的增加而增加。P-Zn 交互作用早已引起学者的关注，并开展了大量的研究（Loneragan，1951；Stukenhoiottz et al.，1966；Grant and Bailey，1993；Bogdanovic et al.，1999；Zhu et al. 2001；Li and Zhu，2002）。既然 P 对 Cd、Zn 都存在着交互作用，土壤中的 P 水平必定会影响 Zn-Cd 之间的交互作用。因此，4.1 节将 P 的影响考虑进去，研究在 P、Zn 同时作用下小麦幼苗对 Cd 吸收积累的影响。

自 Bingham 等（1984，1986）研究发现阴离子 Cl^- 和 SO_4^{2-} 可促进植物对 Cd 的吸收后，阴离子对 Cd 在土壤中的有效性的影响引起了关注，这方面的研究也越来越多（McLaughlin et al.，1998a，1998b；Norvell et al.，2000）。目前普遍认为，有阴离子 Cl^- 或 SO_4^{2-} 存在时，土壤溶液中的 Cd^{2+} 很容易与 Cl^-、SO_4^{2-} 络合形成复合物 $CdCl_n^{2-n}$ 和 $CdSO_4^0$，而这些复合物具有与 Cd^{2+} 相同的生物活性，可直接被植物吸收。在研究 Zn-Cd 交互作用时，加入 Zn 的过程同时也伴随着 Cl^- 或 SO_4^{2-} 被带入土壤，且因施 Zn 水平的不同而有差异。因此，阴离子可能也是影响 Zn-Cd 交互作用的一个不可忽视的因素。4.2 节以钾肥为载体，研究不同水平和形态的陪伴阴离子对两个小麦品种吸收 Cd 的影响。

4.1　P-Zn 交互作用对冬小麦吸收积累 Cd 的影响

4.1.1　研究方法

1. 试验设计–土培实验

土样采自北京市南郊表层土，土样为严重缺 Zn 和缺 P 的沙质土。土壤的基本理化性质见表4-1。风干土样过2mm筛。试验设4个 Zn（ZnSO$_4$）浓度：0mg Zn/kg 土（Zn0）、1mg Zn/kg 土（Zn1）、5mg Zn/kg 土（Zn2）、10mg Zn/kg 土（Zn3）和4个 P（CaHPO$_4$）浓度：0mg P/kg 土（P0）、10mg P/kg 土（P1）、50mg P/kg 土（P2）、100mg P/kg 土（P3），共16个处理，每处理4个重复。各处理添加同一浓度的 Cd（CdCl$_2$）：6mg Cd/kg 土，并施以等量的 N、K 肥：200mg N/kg 土（尿素）、133mgK$_2$O/kg 土（硫酸钾）。处理后的土样充分混匀后，装入塑料盆，每盆1kg 土，放入温室，按15%含水量加水平衡1周。

表 4-1　盆栽实验供试土样的基本理化性质

参数	参数值
pH	8.7
有机质/%	0.37
有效氮/（mg/kg）	44.3
有效磷/（mg/kg）	3.9
有效钾/（mg/kg）	36.9
总 Zn 含量/（mg/kg）	36.9
总 Cd 含量/（mg/kg）	—

2. 植物培养和分析

植物材料选用冬小麦（*Triticum aestivum* L.），原冬977。

小麦种子用10%的 H$_2$O$_2$消毒10min，用自来水冲洗后催芽，发芽的种子均匀地播在每盆土样上，每盆6粒。待幼苗长至2~3cm，进行间苗，每盆保留3株。幼苗每3天浇水一次，保持15%的土壤含水量。温室的温度保持18℃左右。幼苗生长5周后收获。

研究方法同2.1.1。

3. 数据分析

所有数据均用 ANOVA 统计分析。P、Zn 和 Cd 的比吸收（SPU、SZnU、SCdU）表示植株单位干重的根对 P、Zn 和 Cd 的总吸收（mg/kg 根）。

4.1.2　结果与分析

1. 生物量

施 P 显著促进了幼苗的生长，采用 P0 和 P1 处理的幼苗生长速度远差于 P2 和

P3 处理的幼苗生长速度。在生长后期，未施 P（P0）处理的幼苗仍非常矮小，并失绿枯黄；而 P2 和 P3 处理的幼苗长势良好（图4-1）。Zn 处理对幼苗生长的影响不如 P 明显，但也达到了统计显著水平（$P<0.001$）（图4-2）。从 Zn0 ~ Zn2，幼苗生物量随 Zn 浓度的升高逐渐增加，而在 Zn3 处理下，幼苗生长又受到抑制。P-Zn 交互作用对幼苗生物量也有显著的影响（$P<0.001$），尤其是在高 P 水平下。在 P2 和 P3 处，高浓度 Zn（Zn3）明显降低了幼苗地上部分和根部的生物量。

图 4-1　不同 P 水平下的小麦幼苗生长状况

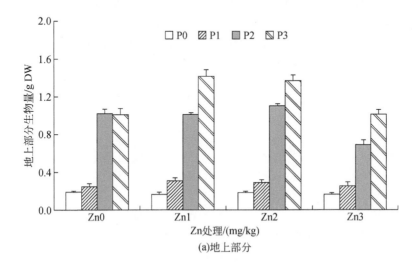

(a)地上部分

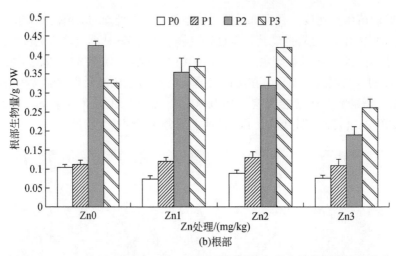

图 4-2　P、Zn 处理对 6mg/kg 的 Cd 浓度下生长的冬小麦幼苗生物量的影响

2. P 的吸收

在所有 Zn 水平下，小麦幼苗地上部分的 P 浓度均随着施 P 水平的提高而提高［图 4-3（a）］；而根部的 P 浓度，虽然整体上随着施 P 水平的提高而提高，可能由于受 Zn 的影响与施 P 水平并非呈完全的正相关关系［图 4-3（b）］。P0 与 P1 之间，根部 P 浓度在所有 Zn 水平下并无明显差异，但在 Zn0 和 Zn1 水平下，P2 的幼苗根部 P 浓度远高于 P1；在这两个 Zn 水平下，最高浓度 P（P3）水平下的根部 P 浓度却略有下降，但仍高于 P0 与 P1。在 Zn2 和 Zn3 水平下，虽然趋势相同，施 P 对根部 P 浓度的影响相对较小。

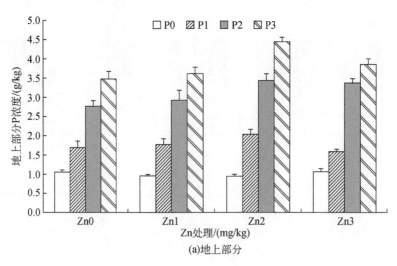

(a)地上部分

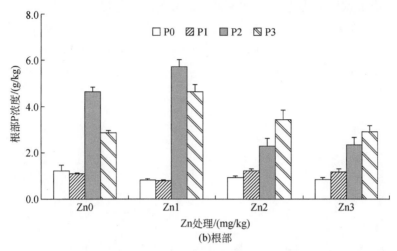

图 4-3　P、Zn 处理对 6mg/kg 的 Cd 浓度下生长的冬小麦幼苗 P 浓度的影响

所有 Zn 水平下，SPU 随施 P 浓度的升高而升高。除在 P3 下，SPU 从 Zn0 ～ Zn1 有显著的升高外，整体上施 Zn 对 SPU 的影响不太明显（表 4-2）。

表4-2　不同 P、Zn 水平下冬小麦对 P 的比吸收

P 处理 /（mg/kg 土）	Zn 处理/（mg/kg 土）				
	Zn0	Zn1	Zn2	Zn3	平均
P0	3.26±0.42	2.95±0.13	2.93±0.09	3.19±0.27	3.09[a]
P1	4.90±0.5	5.40±0.57	5.86±0.12	4.88±0.30	5.26[b]
P2	11.26±0.27	11.67±1.53	14.23±0.5	14.7±0.21	12.96[c]
P3	14.28±0.72	18.41±0.72	17.96±0.26	19.05±0.88	17.43[d]
平均	8.43[a*]	9.61[b]	10.25[b]	10.46[bc]	
方差分析					
P	$P<0.001$				
Zn	$P<0.001$				
P×Zn	$P<0.001$				

注：不同字母表示在 $P≤0.05$ 水平上差异显著。后同。

3. Zn 的吸收

在 Zn0 和 Zn1 水平下，施 P 降低了地上部分和根部 Zn 的浓度（图 4-4）。然而，在 Zn2 和 Zn3 水平下，影响趋势却相反，Zn 浓度随施 P 浓度升高而升高。

SZnU 在所有 P 浓度下均随施 Zn 水平的提高而提高，尤其是在高 P 浓度下（P2 和 P3）提高更为明显（表4-3）。施 P 对 SZnU 也有显著的影响，随着施 P 浓度的升高，SZnU 显著升高（$P<0.001$），如从 P0 至 P2，SZnU 由 149.7mg/kg 根升至 287.3mg/kg 根，增加了 92%。

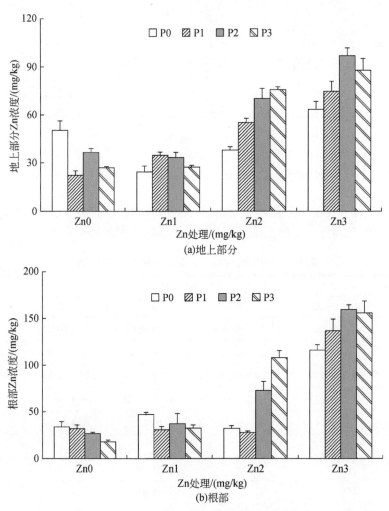

图 4-4　P、Zn 处理对 6mg/kg 的 Cd 浓度下生长的冬小麦幼苗 Zn 浓度的影响

表 4-3　不同 P、Zn 水平下冬小麦对 Zn 的比吸收

P 处理 /(mg/kg 土)	Zn 处理/(mg/kg 土)				
	Zn0	Zn1	Zn2	Zn3	平均
P0	127.7±6.2	102.6±7	112.4±3.5	255.9±16.2	149.7[a]

续表

P 处理 /(mg/kg 土)	Zn 处理/(mg/kg 土)				
	Zn0	Zn1	Zn2	Zn3	平均
P1	77.4±7.5	120.2±3.5	154.5±2.7	310.6±10.5	173.3[b]
P2	115.3±6.3	129.5±8.5	370.1±21.5	514.8±16.4	287.3[c]
P3	106.5±3.3	138.1±10	356.3±16.8	477.6±24.9	269.6[c]
平均	114.4[a]	127.4[a]	248.4[ab]	389.7[c]	
方差分析					
P	$P<0.001$				
Zn	$P<0.001$				
P×Zn	$P<0.001$				

4. Cd 的吸收

由图 4-5 可以看出，地上部分 Cd 的浓度（10～25mg/kg）远低于根部 Cd 的浓度（60～120mg/kg），后者是前者的 6 倍左右，表明 Cd 在小麦幼苗根部向地上部分的迁移率较低。P、Zn 对 Cd 在幼苗地上部分和根部的积累的影响均达到统计上的显著水平，但二者却表现出相反的影响效应。一般来说，施 P 提高了地上部分 Cd 的浓度（$P<0.001$），而施 Zn 则降低地上部分 Cd 的浓度（$P<0.001$）。相反，除 Zn3 外，施 Zn 提高了根部 Cd 的浓度（$P<0.001$），Cd 浓度由 Zn0 的 69.2mg/kg 提高至 Zn2 的 95.8mg/kg。P 对根部 Cd 浓度的影响也与 Zn 相反，施 P 降低根部 Cd 浓度（$P<0.001$）。上述结果表明，P、Zn 不但影响小麦幼苗对 Cd 的吸

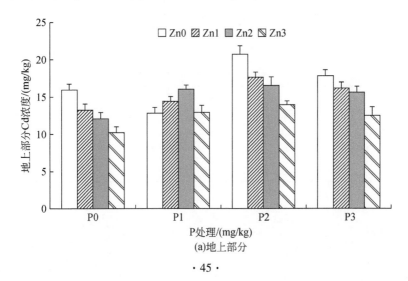

(a)地上部分

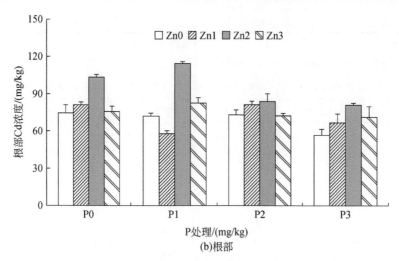

图 4-5 P、Zn 处理对 6mg/kg 的 Cd 浓度下生长的冬小麦幼苗 Cd 浓度的影响

收积累，而且影响 Cd 从根部向地上部分的迁移，且效应相反。P-Zn 交互作用对 Cd 的吸收积累的影响也达到了显著水平（地上部分，$P=0.002$；根部，$P<0.001$）。

与地上部分趋势相似，SCdU 随施 P 水平的提高而提高；除 Zn2 外，Zn 对 SCdU 的影响不显著（表 4-4）。

表 4-4　不同 P、Zn 水平下冬小麦对 Cd 的比吸收

P 处理 /（mg/kg 土）	Zn 处理（mg/kg 土）				
	Zn0	Zn1	Zn2	Zn3	平均
P0	105.3±7.1	110.4±2.9	128.8±6.2	98.1±3.8	110.7[a]
P1	93±6.5	94.9±5.3	151±2.9	113.1±7.9	113[a]
P2	122.9±3.6	128.8±2.7	141.2±4.1	123.5±2.6	125.9[b]
P3	115.1±7.2	128.6±6.9	132.3±1.7	119.5±7.9	123.9[b]
平均	109.1[a]	112.5[a]	138.3[b]	113.5[a]	
方差分析					
P	$P=0.001$				
Zn	$P<0.001$				
P×Zn	$P=0.006$				

4.1.3　结论与讨论

实验结果表明，P、Zn 之间存在着复杂的交互作用。在 Zn0 处理，施 P 降低了地上部分和根部 Zn 的水平。这可能是由于 P 促进植物生长形成的稀释效应（Singh et al.，1988；Gianquinto et al.，2000）。在高浓度的 Zn 水平下，施 P 则提高了植株的 Zn 浓度（图 4-4）及 SZnU（表 3-3）。以前大多数报道认为，P 与 Zn 在植物的吸收上表现为诘抗作用，本书的实验结果表明，当 P、Zn 比例处在适当的水平时，P、Zn 也会发生协同作用，这与王海啸等（1990）的实验结果一致。

除 P1 外，其他所有 P 水平下，施 Zn 均显著降低了地上部分的 Cd 浓度，这与第 3 章 Zn-Cd 交互作用的实验结果不太一致。第 2 章土培实验中，$0 \sim 10 mg/kg$ 的 Zn 对小麦幼苗中的 Cd 浓度都没有明显的影响，只有 Zn 浓度高至 100mg/kg 时才对小麦幼苗中的 Cd 浓度表现出抑制效应。产生这种结果的差异可能主要是因为两次实验所采用的土壤基本性质存在着很大的差异。第 2 章 Zn-Cd 交互作用实验所采用的土样为农田肥沃的黏质土，且背景 Zn 含量非常高（176mg/kg）。当土壤中加入低浓度的 Zn 时，加入的 Zn 与背景 Zn 相比量相当小，甚至可以忽略不计；而且，由于土壤性质决定了其吸附性较强，加入的 Zn 大部分被土壤颗粒所吸附，对植物不具有有效性。因此，在这样的条件下，施加 Zn 不一定对 Cd 的吸收产生明显的抑制效应。Williams 和 David（1976）、White 和 Chaney（1980）、Nan 等（2002）的实验结果也证实了这一点。而本实验中的土壤与上述土壤性质相反，为缺 Zn、缺 P 的贫瘠的沙质土。这种沙质土所含土壤胶体极少，对 Zn 的吸附能力非常低，施进的 Zn 大部分都具生物有效性，所以在这样严重缺 Zn 的土壤条件下，甚至很低水平的 Zn 都有可能对土壤溶液产生显著性的影响。在 P0 下，Zn3 处理的幼苗地上部分 Cd 浓度与不加 Zn（Zn0）相比降低了 36%。其他不少报道也与该结果一致。例如，Oliver 等（1994）对澳大利亚南部缺 Zn 的土壤进行的大田研究结果显示，与对照相比，施 Zn 降低了小麦体内的 Cd 浓度达 50%；Moraghan（1993）以亚麻为材料进行的研究也得到了类似的结果。

与地上部分相反，根部的 Cd 浓度一般随着施 Zn 水平的提高而提高，也就是说 Cd 的地上部分/根部随施 Zn 水平的提高而减小。这表明，Cd 从根部向地上部分的迁移受到了 Zn 的影响，Zn 阻止了 Cd 从根部向地上部分的迁移。对于 Zn-Cd 交互作用的机理目前仍不清楚。有学者认为，Zn 可能在 3 个水平上影响植物对 Cd 的吸收，土壤化学行为、根部细胞膜的跨膜运输，韧皮部的转运。土壤化学行为过程的影响在上一段已经做了简要的论述。细胞质膜是所有元素进入细胞的屏障，对各种元素进行选择性吸收。Hart 等（2002）研究认为，在小麦根部细胞中，Cd 与 Zn 共用一个细胞膜转运系统。因此，二者同时存在时必然会相互竞争细胞膜上的结合位点。本实验结果证实了这一论点。但根据计算的 SCdU 的结果，除 Zn2 外，SCdU 并未受到 Zn 的显著影响，说明 Zn 对 Cd 的吸收效率无显著影响。Oliver 等（1997）和 Welch 等（1999）研究发现，提高小麦茎中的 Zn 水平可阻止 Cd 从韧皮部向籽实中转运，该实验证明了 Zn 阻止 Cd 从根部向地上部分转运。

已有不少研究证实施 P 肥促进植物对 Cd 的吸收（Andersson and Siman，1991；Choudhary et al.，1994；McLaughlin et al.，1995；Grant et al.，1996；Grant and Bailey，1998；Yang et al.，1999；Maier et al.，2002）。过去一般认为是由于 P 肥中含有 Cd 所致，因为许多国家生产的商业 P 肥中都含有一定量的 Cd。然而，在本实验中，我们施 P 处理所用的是试剂纯的 $CaHPO_4$，Cd 杂质极其微量，可忽略不计，结果却显著促进了小麦幼苗对 Cd 的吸收。在 Choudhary 等（1994）的土培实验及 Yang 等（1999）的水培实验中施加试剂纯的 P 也得到了相似的结果。这说明 Cd 吸收的增加可能与 P 元素本身有关。P 元素对 Cd 吸收影响的机理尚不清楚，P 可能通过影响土壤 pH、Zn 的有效性等来影响植物对 Cd 的吸收，这有待于进一步研究。

4.2 不同陪伴阴离子对两个小麦品种吸收 Cd 的影响

4.2.1 材料与方法

1. 实验方案

本试验采用土培方法。土样采自中国科学院石家庄栾城农业生态系统试验站，为肥沃的黏质土。风干土样过 2mm 筛。土样基本理化性质分析参照中国土壤学会提供的方法（鲁如坤，2000），分析结果见表 4-5。试验设 3 种阴离子：KNO_3（N）、KCl（C）、K_2SO_4（S），每种离子设 3 个浓度：K1（55mg K/kg 土）、K2（110mg K/kg 土）、K3（166mg K/kg 土），不加任何阴离子为对照（CK），共 10 个处理，每处理 4 个重复。各处理添加同一浓度的 Cd（$CdCl_2$）：15mg Cd/kg 土，并施以等量的 N、P 肥：200mg N/kg 土（尿素）、133mg P_2O_5/kg 土（$CaHPO_4$）。处理后的土样充分混匀后，装入塑料盆，每盆 1kg 土，放入温室，按 15% 含水量加水平衡一周。

表 4-5　盆栽实验供试土样的基本理化性质

参数	参数值
pH	7.7
有机质/%	1.4

续表

参数	参数值
阳离子交换容量 CEC/[cmol/kg(+)]	10
有效氮/(mg/kg)	80
有效磷/(mg/kg)	24.1
有效钾/(mg/kg)	198.7
总 Zn 含量/(mg/kg)	176.6
总 Cd 含量/(mg/kg)	—

2. 植物培养和分析

植物材料选用两种春小麦（*Triticum aestivum* L.），品种分别为 Brookton 和 Krichauff。

培养方法同 4.1.1。幼苗生长 7 周后收获。

植物分析方法同 2.1.1。

3. 数据分析

所有数据均用 ANOVA 统计分析。

4.2.2　结果与分析

1. 生物量

KCl 和 K_2SO_4 处理明显降低了两个小麦品种的幼苗地上部分和根部的生物量，但 KNO_3 处理对其生物量并无明显影响（表 4-6、表 4-7）。两品种在 KNO_3 处理下的生物量均高于 KCl 和 K_2SO_4 处理。两品种对阴离子的形态和浓度的响应无显著差异。

表 4-6　土培条件下不同形态和水平的陪伴阴离子对春小麦幼苗地上部分生物量的影响

品种	阴离子形态	阴离子施加水平/(mg k/kg 土)			
		0	55	110	166
	KCl		2.4±0.2	2.4±0.1	2.2±0.1
Brookton	KNO_3	2.6±0.0	3.0±0.5	2.9±0.1	2.5±0.1
	K_2SO_4		2.1±0.0	2.3±0.1	2.2±0.1

续表

品种	阴离子形态	阴离子施加水平/(mg k/kg 土)			
		0	55	110	166
Krichauff	KCl		2.4±0.1	2.2±0.2	2.0±0.1
	KNO$_3$	2.8±0.2	2.1±0.1	2.5±0.1	2.5±0.2
	K$_2$SO$_4$		2.1±0.1	2.4±0.1	2.1±0.0
方差分析					
Anions-form（F）		P<0.001			
Anions-level（L）		P<0.001			
Cultivar（C）		NS			
F×L		P=0.048			
F×C		NS			
L×C		P=0.018			
F×L×C		NS			

表 4-7　土培条件下不同形态和水平的陪伴阴离子对春小麦幼苗根部生物量的影响

品种	阴离子形态	阴离子施加水平/(mg k/kg 土)			
		0	55	110	166
Brookton	KCl		0.36±0.04	0.36±0.01	0.32±0.03
	KNO$_3$	0.36±0.02	0.40±0.06	0.48±0.02	0.37±0.01
	K$_2$SO$_4$		0.30±0.01	0.33±0.03	0.33±0.01
Krichauff	KCl		0.36±0.01	0.33±0.01	0.34±0.02
	KNO$_3$	0.42±0.06	0.29±0.02	0.34±0.01	0.36±0.01
	K$_2$SO$_4$		0.27±0.02	0.32±0.00	0.32±0.01
方差分析					
Anions-form（F）		P=0.008			
Anions-level（L）		P=0.002			
Cultivar（C）		NS			
F×L		NS			
F×C		NS			
L×C		P=0.003			
F×L×C		NS			

2. Cd 的吸收

不同形态和浓度的阴离子处理下两个不同品种的小麦幼苗对 Cd 的吸收情况见表 4-8、表 4-9。Brookton 和 Krichauff 的地上部分 Cd 浓度均随 KCl 和 K_2SO_4 浓度升高而升高，如 K_2SO_4 处理下，Brookton 地上部分的 Cd 浓度从对照的 37.5mg/kg 升至 K3 的 81.4mg/kg，Krichauff 从对照的 42.9mg/kg 升至 K3 的 86.8mg/kg，均提高了约 1 倍。而 KNO_3 处理下，除最高浓度下（K3）两品种地上部分 Cd 浓度有所升高外，其他浓度下 Cd 浓度随 KNO_3 浓度的升高变化不明显。根部，Cd 浓度的变化与地上部分有所不同。Brookton 在 KCl 处理下 Cd 浓度随处理浓度升高而升高；而 K_2SO_4 处理下两品种根部 Cd 浓度均略有下降；KNO_3 处理下，与地上部分相似，两品种根部 Cd 浓度均无明显变化。

表 4-8　土培条件下不同形态和水平的陪伴阴离子对春小麦幼苗地上部分 Cd 浓度的影响

品种	阴离子形态	阴离子施加水平/（mg k/kg 土）			
		0	55	110	166
Brookton	KCl		68.6±2.7	66.3±2.8	71.3±2.5
	KNO_3	37.5±3.5	37.4±3.5	42.7±3.1	57.0±5.5
	K_2SO_4		71.1±4.5	71.1±2.4	81.4±4.0
Krichauff	KCl		69.4±2.4	70.3±1.1	74.6±1.7
	KNO_3	42.9±2.2	45.1±4.4	43±3	64.1±2.1
	K_2SO_4		75.7±2.1	79.2±1.9	86.8±2.5
方差分析					
Anions-form（F）		$P<0.001$			
Anions-level（L）		$P<0.001$			
Cultivar（C）		$P<0.001$			
F×L		$P<0.001$			
F×C		NS			
L×C		NS			
F×L×C		NS			

两品种在 Cd 的总吸收（植株总含量）上表现出了一定的差异（表 4-10）。Brookton 在 K_2SO_4 和 KNO_3 处理下总吸收的 Cd 量相近，且均低于 KCl 处理。而 Krichauff 对 Cd 的总吸收在低浓度阴离子下三种形态之间差异较大，但在最高浓度下（K3）又趋于相近。Cd 在根部和地上部分的分配也存在差异（$P<0.001$），尽管二者的总 Cd 浓度几乎相等（表 4-11），一般，Brookton 的地上部分 Cd 浓度较

Krichauff 低，而根部 Cd 浓度较 Krichauff 高。说明两品种中 Cd 从根部向地上部分迁移的能力有差异。

表 4-9　土培条件下不同形态和水平的阴离子对春小麦幼苗根部 Cd 浓度的影响

品种	阴离子形态	阴离子施加水平/(mg k/kg 土)			
		0	55	110	166
Brookton	KCl		194.6±10	220.2±8	275.6±36.1
	KNO$_3$	180.7±18.7	194.2±30.7	183.1±15.2	185.2±10.4
	K$_2$SO$_4$		143.2±9.6	142.5±5.1	141.4±6.3
Krichauff	KCl		158.9±14.9	207.3±17.1	138.4±5.5
	KNO$_3$	152.6±5.1	159.8±13	160±5.2	159.3±7.2
	K$_2$SO$_4$		122.3±5.6	145.2±8.2	135.5±9.6

方差分析	
Anions-form（F）	$P<0.001$
Anions-level（L）	NS
Cultivar（C）	$P<0.001$
F×L	$P=0.010$
F×C	$P=0.022$
L×C	$P=0.066$
F×L×C	$P=0.015$

表 4-10　土培条件下不同形态和水平的阴离子对春小麦幼苗吸收 Cd 总量的影响

品种	阴离子形态	阴离子施加水平/(mg k/kg 土)			
		0	55	110	166
Brookton	KCl		260.8±7.6	238±9.9	244.2±22.4
	KNO$_3$	176.7±4.4	203±12.2	208.8±12.1	213.8±12.2
	K$_2$SO$_4$		192.4±10.9	210.5±14.7	229.8±3.6
Krichauff	KCl		138.2±1.3	224.7±7	194.4±10.7
	KNO$_3$	169±11.9	221.9±13.2	157.9±0.9	218±14.9
	K$_2$SO$_4$		182.3±12.6	234.7±9.7	231.2±8.5

方差分析	
Anions-form（F）	$P<0.001$
Anions-level（L）	$P<0.001$
Cultivar（C）	NS

续表

品种	阴离子形态	阴离子施加水平/(mg k/kg 土)			
		0	55	110	166
方差分析					
F×L		$P<0.001$			
F×C		NS			
L×C		NS			
F×L×C		NS			

表 4-11　土培条件下两春小麦品种在地上部分和根部 Cd 分布上的差异比较

品种	Cd 浓度总平均值/(mg/kg)		
	地上部分	根部	植株
Brookton	56.61	185.2	73.04
Krichauff	61.41	153.7	73.29

4.2.3　结论与讨论

陪伴阴离子的不同形态和水平在小麦对 Cd 的吸收积累上表现出了显著的影响。加 KCl 和 K_2SO_4 处理使两品种幼苗地上部分 Cd 浓度比对照增加了 60% ~ 90%，而 KNO_3 的影响则并不显著。

陪伴阴离子 Cl^- 和 SO_4^{2-} 近年来才被发现可影响土壤 Cd 的有效性。自 20 世纪 80 年代研究发现阴离子 Cl^- 和 SO_4^{2-} 可促进植物对 Cd 的吸收以来，这方面的研究也越来越多。大田调查和模型计算得出，硬质小麦籽实中 Cd 的积累与土壤盐分有关，包括可溶性 Cl^-、可溶性 SO_4^{2-}、可提取 Na、螯合态 Cd 等，尤其是与 Cl^- 关系最为密切，根据预测模型，log［Cl^-］和螯合态 Cd 占小麦籽实中 Cd 的 66% 左右。不少研究报道，阴离子 Cl^- 和 SO_4^{2-} 促进植物对 Cd 的吸收（Bingham et al., 1986；Sparrow et al., 1994；McLaughlin et al., 1995）。Cl^- 在溶液中很容易与 Cd 络合形成相对稳定的复合物 $CdCl^+$ 和 $CdCl_2^0$。稳定计算结果显示，当土壤溶液中 Cl^- 浓度达到 10mmol/L 以上时，Cd 与 Cl^- 的络合就会达到显著水平（Norvell et al., 2000），这样就会推动土壤吸附的 Cd 向土壤溶液的迁移，从而提高了 Cd 的生物有效性。有学者提出假设，复合物 $CdCl_n^{2-n}$ 和 $CdSO_4^0$ 同 Cd^{2+} 一样对植物具有有效性，可被植物直接吸收（Smolders and McLaughlin, 1996a, 1996b；McLaughlin et al., 1998a, 1998b）。SO_4^{2-} 与 Cd 的复合物 $CdSO_4^0$ 不像 $CdCl_n^{2-n}$ 那么稳定（Lindsay, 1979）。McLaughlin 等（1998a, 1998b）的研究表明，$CdSO_4^0$ 虽然与 Cd^{2+} 具有相同的生物效应，但 SO_4^{2-} 并未显著提高植物对 Cd 的吸收，他们认为 SO_4^{2-} 不会像 Cl^- 那样显著影响植物对 Cd 的吸收。Li 等（1994）也报道了向日葵籽实中 Cd 的积累与 Cl^- 的相关性远大于 SO_4^{2-}。然而，本书实验结果表明，K_2SO_4 和 KCl 均显著提高了两品种小麦对 Cd 的吸收和积累，且二者无显著性差异。值得注意的是，地上部分和根部 Cd 浓度对 K_2SO_4 和 KCl 的响应不同，地上部分 Cd 浓度与 K_2SO_4 和 KCl 呈显著的正相关关系，而根部 Cd 浓度受 K_2SO_4 和 KCl 影响不大，甚至在 K_2SO_4 处理下略微下降。一般来说，根部 Cd 浓度变化不如地上部分明显，这表明 K_2SO_4 和 KCl 还可能影响 Cd 从根部向地上部分的迁移。尽管越来越多的研究报道 Cl^- 和 SO_4^{2-} 对植物吸收 Cd 的影响，但目前还没有直接的证据证明 Cd 与 Cl^- 和 SO_4^{2-} 的复合物 $CdCl_n^{2-n}$ 和 $CdSO_4^0$ 直接通过植物根细胞质膜被植物吸收。

在研究 Zn-Cd 交互作用时，陪伴阴离子 Cl^-、SO_4^{2-} 往往作为陪伴离子随 Zn、Cd 处理时被带进土壤，并且随 Zn、Cd 处理浓度的不同，不同处理的土壤被带进的 Cl^-、SO_4^{2-} 的量也就显然不同。因此，阴离子 Cl^-、SO_4^{2-} 和 P 肥可能是导致至今对 Zn-Cd 交互作用无法作出统一合理解释的两个不可忽视的因素。

第5章 磷矿粉对土壤植物系统中 Cd 等重金属迁移的影响

矿产开采和金属冶炼活动导致矿区及其周边地区土壤重金属污染严重，直接威胁该地区的农产品质量安全、人体健康和生态安全。因此，就矿区及周边地区重金属污染土壤修复技术展开研究具有非常重要的科研实践意义。化学固定通过向污染土壤施用化学改良剂从而降低重金属的生物有效性和迁移性，实践应用性最强。目前国内外研究发现含磷材料是有效的土壤重金属改良剂。我国磷矿资源丰富，作为土壤重金属改良剂应用前景广阔。已有研究表明，改良剂颗粒的大小和添加浓度对其固定重金属的修复效果具有影响。本书将2.5%、5%浓度与不同粒径（<101.43μm、<71.12μm、<36.83μm和<4.26μm）组合的磷矿粉作为土壤改良剂，通过实验室土壤培养试验、玉米温室盆栽试验和黑麦草温室盆栽试验，研究化学改良剂磷矿粉粒径和添加浓度对矿区复合污染土壤重金属Pb、Zn、Cu和Cd的形态转化、生物有效性和玉米作物和黑麦草茎叶部和根部积累重金属的影响。

5.1 磷矿粉对矿区土壤中 Cd 等重金属化学形态和生物可给性的影响

土壤中重金属元素的迁移、转化及其对植物的毒性和环境的影响程度，除了与重金属含量有关外，还与重金属在土壤中的存在形态有很大的关系。土壤中重金属元素的迁移性和环境行为在很大程度上取决于其存在形态而非总量。重金属形态是指重金属的价态、化合态、结合态和结构态4个方面，即某一重金属元素在环境中以某种离子或分子存在的实际形式（Tessier et al. , 1979；Tack and Verloo, 1995）。土壤中重金属的形态不同，其生物毒性和迁移特性也不同。

这里的形态从两个层面来定义。第一个层面是土壤中的化合物和矿物类型，如土壤中As在不同条件下可以是亚砷酸盐As（Ⅲ）形态也可以是砷酸盐As（Ⅴ）形态，As（Ⅲ）的生物毒性和迁移性要强于As（Ⅴ）。第二个层面是操作定义上的形态，是用不同的化学提取剂对土壤中重金属进行连续浸提，并根据提取的难易程度对重金属形态进行分类。目前重金属的操作形态定义多采用分级提取法，Tessier 等

（1979）提出的分级提取法具有一定的代表性，他们将土壤中的重金属分为水溶态、交换态、铁锰氧化物结合态、有机结合态和残留态，从水溶态到残留态重金属的生物有效性和迁移性依次降低。建立在该方法基础上的众多改进的分级提取方法得到广泛发展，但缺乏统一标准的提取方法，同行之间交流分级提取结果时可比性差。因此，欧共体物质标准局（Bureau Community of Reference，BCR）提出了简易的 BCR 三步法，后来 Rauret 等（1999）对 BCR 分级提取法又进行了改进和优化。BCR 法操作简单且重现性好，在研究中得到广泛应用。

不同形态的重金属被释放的难易程度不同，在土壤中所处的能量状态不同，其迁移性、环境效应及生物有效性也不同。重金属在土壤中的赋存形态及其相互间的比例关系，不仅与物质来源有关，而且与土壤质地、理化性质（pH、Eh、CEC 等）、土壤胶体、有机质含量、矿物特征、环境生物等因素有关。

欧共体物质标准局提出的划分方法（Quevauviller et al.，1993）将中重金属形态划分为 4 种，酸可提取态（如可交换态与碳酸盐结合态）、可交换态（如铁锰氧化物结合态）、可氧化态（如有机态）和残渣态。

5.1.1　研究方法

1. 供试土壤、磷矿粉

供试土壤采自湖南省衡阳市常宁县松柏坡镇水口铅锌矿，土壤采回后经风干、磨细过 2mm 筛。土壤的基本理化性质见表 5-1。

表 5-1　培养试验土壤理化性质

pH	CEC /(cmol/kg)	有机质 /%	Pb /(mg/kg)	Zn /(mg/kg)	Cu /(mg/kg)	Cd /(mg/kg)
4.85	8.08	2.41	881.64	1 065.97	113.08	16.92
土壤三级标准			500	500	400	

注：《土壤环境质量标准》（GB 15618—1995）：三级标准主要适用于林地土壤及污染物容量较大的高背景值土壤和矿产附近等地的农田土壤（蔬菜地除外），土壤质量基本上对植物和环境不造成危害和污染，为保障农林业生产和植物正常生长的土壤临界值。

磷矿粉取自云南胶磷矿，五氧化二磷含量约为 20%，经清华大学浙江长兴实验基地粉碎加工得到 4 个不同粒级的磷矿粉样品。

试验用磷矿粉性质见表 5-2。

表 5-2 培养实验用的磷矿粉及其编号 （单位：μm）

编号	UP	P1	P2	P3
粒径	<101.43	<71.12	<36.83	<4.26

2. 实验处理

试验设 9 个处理：对照（CK）不加磷矿粉、2.5% UP、2.5% P1、2.5% P2、2.5% P3、5% UP、5% P1、5% P2、5% P3。

土壤培养所用容器为一次性纸杯，每个纸杯装土 200g。在室温条件下培养 3 个月。按试验设置用量加入磷矿粉，与土壤充分混合均匀，试验设 12 个重复。

每隔 1 天采用称重法，用去离子水给土壤补充水分，使土壤水分保持在 70% 左右。

分别在 1 个月、2 个月 和 3 个月后取样，每个处理取出 3 个重复。风干，过 200 目筛，自封袋密封保存，以备分析。

3. 提取方法与测定

利用土水比 1：2.5 测定土壤 pH，土壤中重金属形态分析采用优化 BCR 法提取方法提取，提取出的形态如下：B1 态，酸可提取态（水溶态、可交换态与碳酸盐结合态）；B2 态，铁-锰氧化物结合态；B3 态，有机物与硫化物结合态；B4 态，残渣态。用 ICP-OES（电感耦合等离子体发射光谱仪）测定重金属总量和 BCR 分级提取的重金属含量。

4. 数据统计分析

分析数据以平均值±标准误差表示，采用 Microsoft Excel 和 SPSS 17.0 软件进行分析，作 one-way ANOVA 和 Duncan 检验多重比较（$P<0.05$）。

5.1.2 结果与讨论

1. 添加磷矿粉对土壤 Pb 化学形态的影响

Pb 在土壤中主要以铁锰氧化态（B2）形式存在，相对百分比达为 69.9% ~ 77.4%。与对照相比，添加磷矿粉后水溶态、可交换态与碳酸盐结合态（B1）的 Pb 比例降低，培养 1 个月、2 个月和 3 个月后分别下降了 4.3% ~ 11.6%、4.3% ~ 10.2% 和 5.2% ~ 12.9%，而残渣态（B4）Pb 比例升高，培养 1 个月、2 个月和 3 个月后分别上升了 3.2% ~ 16.8%、0.3% ~ 22.4% 和 2.7% ~ 14.5%

·57·

（图 5-1~图 5-3），可见添加磷矿粉后使得 Pb 从可溶态向残渣态迁移，从而将 Pb 固定在土壤中，以降低其进入植物体内，从而进入食物链的风险。在 2.5% 和 5% 的磷矿粉添加量下，5% 的施用量下的可溶态 Pb 的相对百分比低于 2.5% 施用量，培养 1 个月、2 个月、3 个月后施加相同粒径磷矿粉中 5% 浓度比 2.5% 浓度土壤中可交换态 Pb 的相对百分比分别降低了 2.9%~3.1%、0.4%~3.4% 和 0.8%~3.3%。5% 施加磷矿粉的水平下残渣态 Pb 的相对百分比高于 2.5% 施用量下，培养 1 个月、2 个月、3 个月后分别上升了 1.7%~9.9%、2.8%~17.2% 和 19.4%~23.2%。5% 的磷矿粉施用量固定土壤重金属 Pb 的修复效果比较显著。相同施磷量不同粒径间没有明显的变化规律，但可以看出最细粒径的磷矿粉（P3）修复过土壤中可交换态 Pb 的浓度与 UP、P1 和 P2 磷矿粉修复的土壤有显著性差异（$P<0.05$），尤其在施加 5% 最细粒径磷矿粉 P3 时可交换态 Pb 的相对百分比最低，培养 1 个月、2 个月、3 个月后较对照分别降低了 11.6%、10.2% 和 12.9%，浓度分别为 46.45mg/kg、40.13mg/kg 和 36.03mg/kg。

随着土壤培养时间的增长，可交换态（B1）和可氧化态（B3）Pb 占总 Pb 的比重有所降低，但可还原态（B2）和残渣态（B4）Pb 的比例明显升高，综合分析，磷矿粉可以有效地降低土壤中酸提取态 Pb 含量，减弱土壤中 Pb 的植物毒性和生物有效性。5% 最细粒径磷矿粉 P3 的降低效果最为明显。

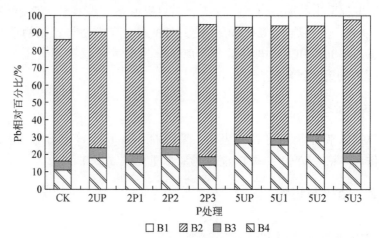

图 5-1　培养 1 个月后磷矿粉对土壤中 Pb 化学形态的影响

2. 添加磷矿粉对土壤 Zn 化学形态的影响

重金属污染土壤中的 Zn 主要以残渣态（B4）存在，相对百分比达 47.4%~54.2%。与对照相比，施加磷矿粉后土壤中酸可提取态（B1）Zn 的比例有所下

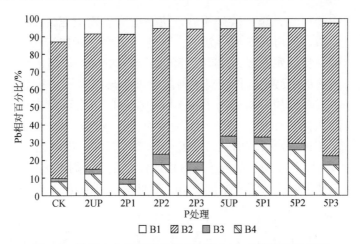

图 5-2　培养 2 个月后磷矿粉对土壤中 Pb 化学形态的影响

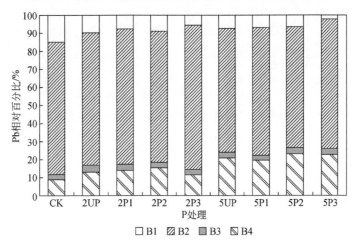

图 5-3　培养 3 个月后磷矿粉对土壤中 Pb 化学形态的影响

降, 培养 3 个月后可交换态的相对百分比分别降低了 1.5% ~ 3.3% , 可还原态 (B2) 和可氧化态 (B3) 的比例相对升高, 培养 3 个月后分别升高了 2.3% ~ 5.2% 和 0.4% ~ 3.2% 。可以推测, 施加磷矿粉后土壤中 Zn 由可交换态向铁锰氧化物态迁移。其中, 以 5P3 处理可还原态的 Zn 增加最为显著, 培养 1 个月、2 个月、3 个月后可还原态 Zn 的浓度分别较对照增加了 10.1% 、9.1% 和 25.8% (图 5-4 ~ 图 5-6)。随着培养时间的增加, 土壤中 Zn 的化学形态没有显著的变化。培养第 1 个月和第 3 个月时, 添加磷矿粉的所有处理土壤中残渣态 Zn 的浓度均比对照有所降低, 分别比对照降低了 5.5% ~ 40.1% 和 6.8% ~ 12.8% 。而且用 5% 的磷矿粉处理过土壤中残渣态 Zn 的浓度比用 2.5% 磷矿粉处理过土壤中残渣态 Zn 的浓度还要低。由此可见，添加磷矿粉后，使得土壤中残渣态的 Zn 向可还原态转移，这可能是由磷锌的协同作用导致的，这与刘忠珍（2010）等实验结果一致，土壤中添加含磷材料后残渣态 Zn 的浓度降低。磷锌的交互作用比较复杂，当磷锌浓度较低时，所施的磷酸根的伴随离子钾离子可能与锌离子在黏土矿物表面发生电性吸附竞争，或者磷酸根与锌离子在土壤中少量的可变电荷表面（如氧化物）发生竞争性专性吸附，使锌离子进入土壤溶液，有效性增加，两者呈协同作用；当两者浓度水平超过一定限度时，可能发生磷酸锌沉淀，也可能是磷酸盐在石灰性土壤中与钙发生沉淀反应，导致土壤碱性增强，促进锌的水解，形成 Zn（OH）$_2$ 沉淀，使其有效性下降，两者呈拮抗作用（刘忠珍，2010）。

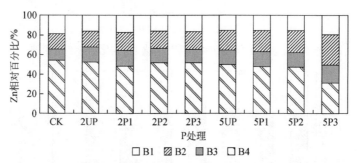

图 5-4　培养 1 个月后磷矿粉对土壤中 Zn 化学形态的影响

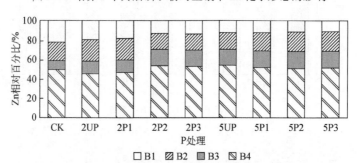

图 5-5　培养 2 个月后磷矿粉对土壤中 Zn 化学形态的影响

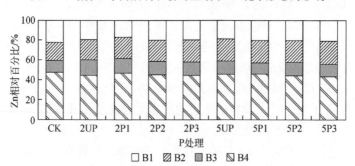

图 5-6　培养 3 个月后磷矿粉对土壤中 Zn 化学形态的影响

3. 添加磷矿粉对土壤 Cu 化学形态的影响

土壤中重金属 Cu 的 4 种形态所占的百分比关系如下：可交换态（B2）≥残渣态（B4）>可氧化态（B3）>酸可提取态（B1），酸可提取态所占的百分比最低，除了用 CK 培养 3 个月的土样外，其他土样的酸可提取态 Cu 均低于 10%。磷矿粉处理后，土壤中酸可提取态 Cu 的比例比对照降低了 2.1% ~ 9.3%。可氧化态 Cu 和残渣态 Cu 的比例略有上升，可氧化态 Cu 上升 190 左右，残渣态 Cu 上升 5% 左右。可见，添加磷矿粉后可以显著地降低土壤中酸可提取态 Cu 的浓度和百分比，使得土壤中 Cu 的形态向可氧化态和残渣态迁移，降低土壤中 Cu 的生物有效性。施加相同粒径的磷矿粉，在两种施加磷矿粉的浓度下，5% 磷矿粉施用量下 B1 态 Cu 的比例总体要低于 2.5% 磷矿粉施用量下的比例，除第 2 个月的 5P2 和第 3 个月的 5P1 外，培养 1 个月、2 个月、3 个月后分别降低了 1.1% ~ 1.7%、1.7% ~ 5.3% 和 0.5% ~ 1.0%（图 5-7 ~ 图 5-9）。不同粒径下尤以最细粒径 P3 磷矿粉处理过的土壤中 B1 态 Cu 的比例最低。

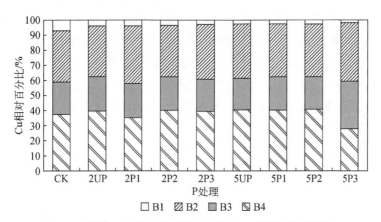

图 5-7 培养 1 个月后磷矿粉对土壤中 Cu 化学形态的影响

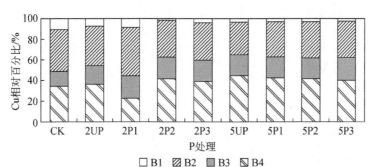

图 5-8 培养 2 个月后磷矿粉对土壤中 Cu 化学形态的影响

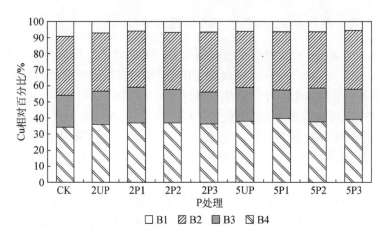

图 5-9　培养 3 个月后磷矿粉对土壤中 Cu 化学形态的影响

4. 添加磷矿粉对土壤 Cd 化学形态的影响

土壤中重金属 Cd 主要以酸可提取态（B1）和可交换态（B2）的形式存在，分别约占总 Cd 的 50% 和 30%。添加磷矿粉后，Cd 的化学形态没有显著的变化。这可能是因为相对于其他元素 Cd 的浓度较低，没有表现出明显地钝化效果。重金属培养 3 个月时，可交换态和残渣态（B4）的比例较对照组略有上升，上升幅度在 1% 左右。可见添加磷矿粉后对土壤 Cd 化学形态的影响较弱（图 5-10 ~ 图 5-12）。

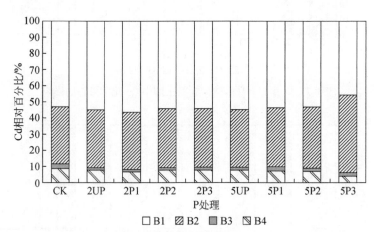

图 5-10　培养 1 个月后磷矿粉对土壤中 Cd 化学形态的影响

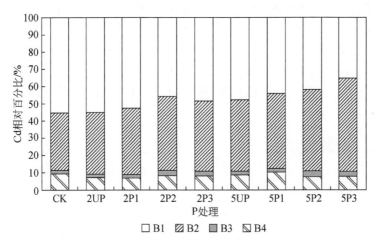

图 5-11　培养 2 个月后磷矿粉对土壤中 Cd 化学形态的影响

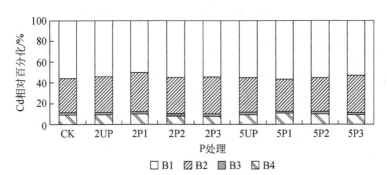

图 5-12　培养 3 个月后磷矿粉对土壤中 Cd 化学形态的影响

5.1.3　小结

土壤中的 Pb 主要以可交换态（B2）存在，Zn 和 Cu 主要以可交换态（B2）和残渣态（B4）存在，Cd 则是主要以酸可提取态（B1）的形态存在。

磷矿粉可以有效地降低土壤中酸提取态 Pb 含量，减弱土壤中 Pb 的植物毒性和生物有效性。5% 最细粒径磷矿粉 P3 的降低效果最为明显。添加磷矿粉后，可交换态 Zn 的比例略有下降，但下降幅度很小，土壤中残渣态的 Zn 向可还原态转移，其中 5P3 即添加 5% 的粒径最细（P3）的磷矿粉处理，可还原态 Zn 的百分比上升最为明显。磷矿粉可以显著地降低土壤中酸可提取态 Cu 的浓度和百分比，使得土壤中 Cu 的形态向可氧化态和残渣态迁移，降低土壤中 Cu 的生物有效性。

土壤培养的时间越长，重金属的形态逐步从高迁移性向低迁移性转化。

综合来看，在 2.5% 和 5% 的施加磷矿粉的浓度中，施加 5% 的磷矿粉降低土壤酸可提取态重金属 Pb、Zn、Cu 的效果最好，其中 4 种粒径中以最细粒径 P3 磷矿粉的降低效果最好。

5.2 磷矿粉对重金属 Cd 等污染土壤中玉米吸收重金属的影响

5.2.1 材料和方法

1. 供试土壤、磷矿粉

研究方法同 5.1.1。

2. 供试玉米

供试植物为玉米 (*Zea mays Linn.* sp.)，品种为鲁单 981。

3. 试验处理

试验用 14cm×12cm 的塑料盆，每盆装过 2mm 筛的风干土 0.5kg。施 N (尿素、KNO_3) 0.1g/kg，K (KNO_3) 0.1g/kg 作底肥。

试验共设两个施磷水平，添加磷矿粉的量分别为干土重量的 2.5% 和 5%，共 9 个处理：不添加任何磷矿粉 (CK)、添加 2.5% 干土重量编号 UP 的磷矿粉 (2UP)、添加 2.5% 编号 P1 的磷矿粉 (2P1)、添加 2.5% 编号 P2 的磷矿粉 (2P2)、添加 2.5% 编号 P3 的磷矿粉 (2P3)、添加 5% 编号 UP 的磷矿粉 (5UP)、添加 5% 编号 P1 的磷矿粉 (5P1)、添加 5% 编号 P2 的磷矿粉 (5P2) 和添加 5% 编号 P3 的磷矿粉 (5P3)。每个处理 4 次重复，在底肥加入两周后播种，每盆定苗两株。每隔两天以称重法用去离子水给土壤补充水分，使土壤水分保持在田间持水量的 70%。试验在可调节光照和温度的人工温室内进行，各盆随机摆放在培养室内，每隔两天重新摆放一次，使玉米的生长条件基本保持一致，培养 4 个月后收获。

4. 采样和分析

将塑料盆中的土壤混合均匀，风干后研磨过 2mm 筛。土水比 1:2.5 测定各土样的 pH。

收获时，将玉米植株用去离子水清洗干净，70℃烘干至恒重，分别称取地上部分和根部干重。

称取磨碎的玉米茎叶或根样品 0.2 g 置于 50ml 离心管中，加入 2ml 优级纯浓硝酸后放置过夜。放入微波消煮炉（Mars5，CEM Corporation，USA）中进行消解，同时加入标准物质（GBW07605 国家标准物质中心）对整个消化过程和分析测试过程进行质量控制。将消解好的样品用超纯水定容至 25ml，过滤后用 ICP-OES 测定其中的 Pd、Zn、Cu 和 Cd 浓度。

5. 统计分析

利用 Microsoft Excel 和 SPSS17.0 软件，对不同处理的数据进行 ANOVA 和 Duncan 检验多重比较（$P<0.05$）。

5.2.2　结果与讨论

1. 不同粒径磷矿粉对玉米生物量的影响

由图 5-13 不同磷矿粉处理对玉米根茎生物量的影响可知，与对照相比，2.5% 和 5% 两种施磷水平的处理均提高了玉米茎叶部的生物量，分别是对照的 1.2～1.5 倍和 1.4～1.8 倍。5% 的施磷水平下玉米茎叶部生物量高于 2.5% 施

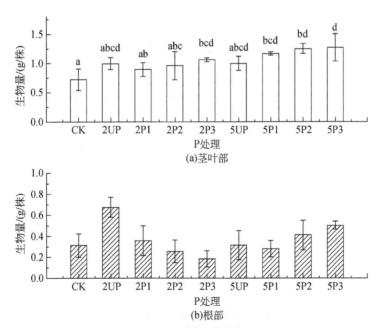

图 5-13　不同磷矿粉处理对玉米根茎生物量的影响

注：不同字母表示差异显著。下同

磷水平的处理。2.5%施磷水平下只有经过最细粒径磷矿粉处理过的 2P3 处理与对照有显著的提高（$P<0.05$），5%施磷水平下除了 5UP（磷矿粉粒径最大）处理外，其他三种粒径磷矿粉处理都导致玉米茎叶部生物量与对照有显著性的差异。相同施磷水平中添加细粒径磷矿粉的玉米茎叶部生物量高于添加粗粒径磷矿粉的生物量，直径<4.26μm 磷矿粉（P3）导致玉米茎叶部生物量提高幅度最大，当用量为 2.5% 和 5% 时，玉米茎叶部生物量分别比对照提高了 47.2% 和 76.2%。添加磷矿粉后，除了个别处理外，玉米根部生物量与对照相比差异不明显。磷作为植物生长的营养元素之一，从吸附解析的角度，细粒径的磷矿粉可能更容易被玉米吸收，施加磷后可以促进玉米的生长。

2. 不同粒径磷矿粉对土壤 pH 的影响

从图 5-14 可以看出，除 2UP 处理导致土壤 pH 降低外其他添加磷矿粉的处理均使土壤 pH 有所提高，尤其是用 2P1、2P2 处理的 pH 与对照相比达到显著性的差异水平（$P<0.05$），可见添加磷矿粉对酸性土壤具有一定的改良作用。2P1 处理的 pH 分别从对照的 4.67 升高到 4.89，提高了 4.7%。

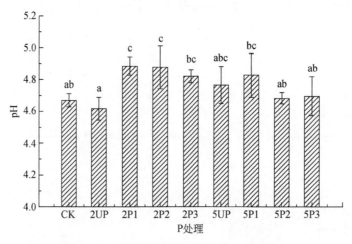

图 5-14　不同磷矿粉处理对土壤 pH 的影响

3. 不同粒径磷矿粉对玉米茎叶部和根部 Pb 含量的影响

玉米根和茎叶中重金属的分布比率见表 5-3，从表 5-3 中可以看出 Pb、Cu 和 Cd 主要积累在玉米的根部，它们向茎部转移的比率较少，这和大部分玉米吸收重金属的研究报道相一致。

表 5-3　玉米积累重金属 Pb、Zn、Cu 和 Cd 的茎叶/根比率　　　　（单位:%）

处理	Pb		Zn		Cu		Cd	
	茎叶	根	茎叶	根	茎叶	根	茎叶	根
CK	30.40	69.60	49.80	50.20	7.81	92.19	27.67	72.33
2UP	28.39	71.61	43.71	56.29	10.62	89.38	41.18	58.82
2P1	23.81	76.19	47.41	52.59	9.91	90.09	36.21	63.79
2P2	24.76	75.24	46.29	53.71	7.95	92.05	34.10	65.90
2P3	27.57	72.43	49.45	50.55	17.71	82.29	58.63	41.37
5UP	26.02	73.98	49.88	50.12	15.12	84.88	53.49	46.51
5P1	26.41	73.59	49.72	50.28	7.24	92.76	35.99	64.01
5P2	28.51	71.49	47.79	52.21	12.35	87.65	41.64	58.36
5P3	27.34	72.66	50.27	49.73	11.13	88.87	46.51	53.49

　　4 种重金属中，玉米根茎积累 Cu 的差异最为明显，茎叶中积累 Cu 的量仅约为根系中积累 Cu 量的 10%；玉米茎叶部积累 Pb 和 Cd 的量约为玉米植株积累总量的 30%，但玉米根茎对 Zn 的积累比率没有明显差异，茎叶中 Zn 的积累比率约为 50%，与根系积累的量大致相同。玉米根茎对 Zn 吸收积累分异特性不明显，其中茎叶部积累 Zn 量要高于根部的积累量，可能由于 Zn 是植物生长发育的必需微量元素，所以植物会先把其所需要的元素优先运输到地上部分，供其生长发育需要。

　　添加不同磷矿粉后，Pb 在茎叶积累的比率比对照处理降低，根积累的比率增加，而 Cu 和 Cd 在根茎积累比率的变化则正好相反，说明添加磷矿粉可降低玉米茎叶中重金属 Pb 的积累比率，但是会增加 Cu 和 Cd 的积累比率。

　　从图 5-15 可以看出除了 2UP 和 2P2 处理的玉米根部外，添加不同磷矿粉后玉米根系和茎叶中的 Pb 浓度均低于对照处理。但是在玉米根系中只有 5P3 处理的 Pb 浓度与对照处理相比呈显著性的差异（$P<0.05$），这个处理的 Pb 浓度比对照处理降低 27.81%。对于玉米地上部分而言，除了 2UP、2P3 处理外，其他 6 个处理的 Pb 浓度与对照处理相比均达到显著水平（$P<0.05$）。5% 用量的磷矿粉比 2.5% 用量的磷矿粉更能显著地降低玉米地上部对 Pb 的积累。当使用量为 5% 时，除 P2 处理外，不同粒径磷矿粉可导致玉米茎叶 Pb 浓度比 2.5% 处理降低 3.85% ~ 33.85%。较高用量（5%）与较细粒径（<4.26μm）的磷矿粉组合降低玉米吸收积累 Pb 的效果最好。磷矿粉降低玉米吸收积累 Pb 的机制可能是由于磷矿粉施入土壤后其溶解出的磷酸根与 Pb 形成磷酸铅沉淀，使土壤的可溶性 Pb 含量大大减少。另外，Pb 离子与磷在植物细胞壁与液泡中形成的磷酸铅沉淀减少了 Pb 离子在植

物木质部的长距离输送。陈世宝等（2006）研究不同含磷化合物对污染土壤中 Pb 有效性影响的土柱试验，发现磷酸氢钙、磷矿粉和羟基磷灰石的添加量为 5000mg/kg 土时，270 天后土壤有效 Pb 的含量分别比对照降低了 86.6%、81.1% 和 89.7%。黄益宗等（2006）发现重金属污染土壤添加骨炭（主要成分为碳酸磷灰石、磷酸钙等）可显著地降低水稻根系中 Pb 含量。磷矿粉的粒径越细，其比表面积越大，磷矿粉表面吸附的 Pb 离子越多，Pb 离子与磷矿粉形成的磷酸铅沉淀就越多，导致玉米吸收积累 Pb 的量就越少。

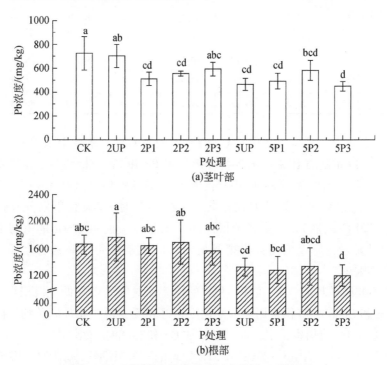

图 5-15　不同磷矿粉处理对玉米积累 Pb 的影响

4. 不同粒径磷矿粉对玉米茎叶部和根部 Zn 含量的影响

与对照处理相比，添加不同粒径的磷矿粉可降低玉米地下部分积累的 Zn 含量，但是经数理统计检验没有达到显著差异水平（图 5-16）。对玉米地上部分而言，添加 2.5% 的不同粒径磷矿粉对玉米茎叶 Zn 含量影响不大，但是 5% 的磷矿粉添加量可显著地降低玉米茎叶部的 Zn 含量。磷矿粉的处理为 5UP、5P1、5P2 和 5P3 时，玉米茎叶部 Zn 含量分别比 2.5% 处理降低 22.43%、14.43%、5.82% 和 13.75%。添加不同粒径磷矿粉导致玉米茎叶部 Zn 含量降低的原因可能是磷酸根离子与 Zn 离子形成了难溶性的磷酸锌沉淀。Hao 等（2010）在污染土壤中添加

5% 的骨炭可显著地降低土壤中水溶态 Zn、可交换态 Zn、碳酸盐结合态 Zn 和土壤生物可给性 Zn 含量，培养 1 个月、2 个月和 3 个月后的有效 Zn 含量分别比对照下降 47.80%、43.63% 和 41.35%。

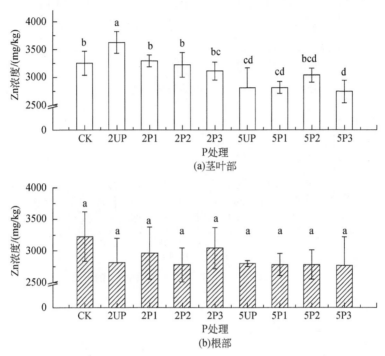

图 5-16　不同磷矿粉处理对玉米积累 Zn 的影响

5. 不同粒径磷矿粉对玉米茎叶部和根部 Cu 含量的影响

图 5-17 显示添加不同粒径磷矿粉可显著地降低玉米根部和茎叶部对 Cu 的吸收积累（$P<0.05$）。与对照相比，添加 2.5% 和 5% 磷矿粉导致玉米根部 Cu 含量降低 18.46% ~ 67.98%，茎叶部 Cu 含量降低 16.82% ~ 32.61%。张茜等（2008）在两种土壤中添加磷酸盐 120 天后发现红壤中有效 Cu 含量比对照降低 8.3% ~ 11.6%，而黄泥土中有效 Cu 含量变化不明显。Cao 等（2009）报道污染土壤中添加不同用量的磷酸盐化合物和磷矿石后土壤的可溶性 Cu 含量比不添加磷的对照降低 31% ~ 80%，说明施用磷肥可显著地降低土壤中的生物有效 Cu 含量，减少 Cu 向植物体内吸收或迁移。

6. 不同粒径磷矿粉对玉米茎叶部和根部 Cd 含量的影响

从图 5-18 中可以看出，土壤添加磷矿粉后玉米根部 Cd 含量明显降低，与对照

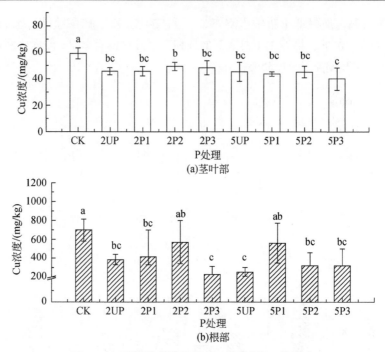

图 5-17　不同磷矿粉处理对玉米积累 Cu 的影响

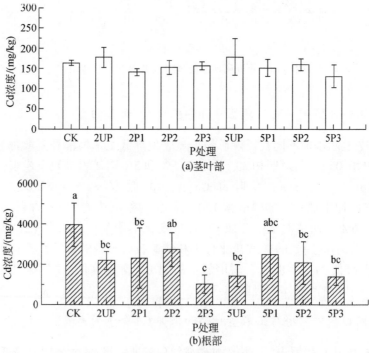

图 5-18　不同磷矿粉处理对玉米积累 Cd 的影响

相比，玉米根部 Cd 含量下降 31.03% ~74.23%，其中以磷矿粉 P3 处理 Cd 含量下降最明显。添加磷矿粉后玉米茎叶 Cd 含量与对照处理相比差异不显著。磷是植物生长发育不可缺少的营养元素之一，施磷可提高植物抗逆性和适应外界不良环境条件的能力。另外，Cd 离子与磷酸根离子发生络合或沉淀作用可降低土壤中 Cd 的生物有效性。有研究表明，施磷肥可显著地降低菠菜、胡萝卜、燕麦、黑麦草、马铃薯、红豆和绿豆等植物对 Cd 的吸收与积累。

5.2.3　小结

重金属污染土壤中添加磷矿粉可以显著提高玉米茎叶部的生物量，用 2.5% 和 5% 两种施磷水平处理后的生物量分别是对照的 1.2 ~1.5 倍、1.4 ~1.8 倍。在试验研究的两种施磷水平下，用直径 <4.26μm 磷矿粉（P3）处理后的玉米是不同粒径处理中茎叶部生物量提高幅度最大的，分别较对照提高了 47.2% 和 76.2%。

添加磷矿粉可以降低玉米对 4 种重金属 Pb、Zn、Cu 和 Cd 的积累量，从而降低玉米通过食物链进入人体的危害。重金属 Pb 在玉米根部积累的比例升高，在茎叶部积累的比例降低，可见玉米主要是通过抑制铅从根部向茎叶部的转移而降低玉米对重金属 Pb 的吸收的。而重金属 Cu 和 Cd 积累在根部的比例降低，茎叶部比例升高，可见磷矿粉是通过降低玉米根部对 Cu 和 Cd 的吸收，进而降低玉米植株对 Cu 和 Cd 的吸收。

在 2.5% 和 5% 两种施磷水平中，当添加 5% 的磷矿粉时玉米植株中重金属 Pb、Zn 和 Cu 浓度的降低幅度要高于添加 2.5% 施磷水平时。

2.5% 和 5% 两种施磷水平和不同粒径磷矿粉的组合中，以添加 5% 浓度、粒径 <4.26μm 磷矿粉（P3）组中的玉米茎叶部积累的重金属 Pb、Zn、Cu 和 Cd 最低，相比对照分别降低了的 37.80%、15.75%、32.61% 和 20.17%。

5.3　磷矿粉对重金属污染土壤中黑麦草吸收积累重金属的影响

黑麦草为一年生禾本科单子叶植物，其再生能力强，易于种植，生物量较大，抗病虫害能力强。有报道显示黑麦草对重金属具有很强的抗性，且对重金属有蓄积作用。

5.3.1　研究方法

1. 供试土壤、磷矿粉

研究方法同 5.1.1。

2. 供试黑麦草

供试植物为黑麦草（*Lolium perenne* L.）。

3. 实验处理

实验用 14cm×12cm 的塑料盆，每盆装过 2mm 筛的风干土 0.5kg。施 N（尿素、KNO$_3$）0.1g/kg、K（KNO$_3$）0.1g/kg 作底肥。

试验共设两个施磷水平，添加磷矿粉的量分别为干土重量的 2.5% 和 5%。共 9 个处理：CK、添加 2.5% 的磷矿粉 UP（2UP）、添加 2.5% 的磷矿粉 P1（2P1）、添加 2.5% 的磷矿粉 P2（2P2）、添加 2.5% 的磷矿粉 P3（2P3）、添加 5% 的磷矿粉 UP（5UP）、添加 5% 的磷矿粉 P1（5P1）、添加 5% 的磷矿粉 P2（5P2）和添加 5% 的磷矿粉 P3（5P3）。每个处理 4 次重复，在底肥加入两周后播种，每盆定苗 17 株。每隔两天以称重法用去离子水给土壤补充水分，使土壤水分保持在田间持水量的 70%。实验在可调节光照和温度的人工温室内进行，各盆随机摆放在培养室内，每隔两天重新摆放一次，确保黑麦草的生长条件基本保持一致，培养 4 个月后收获。

4. 植物采样与分析

将塑料盆中的土壤混合均匀，风干后研磨过 2mm 筛。土水比 1：2.5 测定各土样的 pH。

黑麦草称量鲜重后，烘干、粉碎，微波消煮，用 ICP-OES（VARIAN715-ES，Varian inc）测定溶液中的 Pb、Zn、Cu 和 Cd 含量。

5. 统计分析

利用 Microsoft Excel 和 SPSS 17.0 软件，对不同处理的数据进行 ANOVA 和 Duncan 检验多重比较（*P*<0.05）。

5.3.2　结果与讨论

1. 不同磷矿粉对黑麦草生物量的影响

茎叶部生物量均比对照组有所增长，其中 5% 的磷矿粉施用量下各粒径处理均比对照组达到显著性地差异，提高茎叶部生物量的效果显著（图 5-19）。相同粒径下，施用 5% 磷矿粉后黑麦草的茎叶部生物量均大于 2.5% 磷矿粉的处理。不同的粒径之间，生物量的关系如下：P3>P2>P1>P0，磷矿粉的粒径越细，黑麦草的生物量越大。

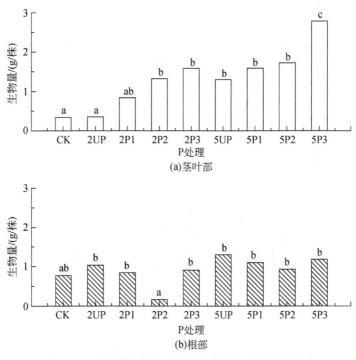

图 5-19　不同磷矿粉处理对黑麦草根茎生物量的影响

2. 不同磷矿粉对黑麦草吸收积累 Pb 的影响

黑麦草对 Pb 的积累量主要集中在根部，约为地上部分积累量的 10 倍。

施用磷矿粉后，除 2UP 处理后的黑麦草根部外，黑麦草茎叶部和根部对重金属 Pb 的积累量均低于对照组的茎叶部和根部的积累量，基本都达到了显著性差异（图 5-20）。不同粒径的磷矿粉在 5% 的施用量下茎叶部和根部 Pb 浓度总体低于 2.5% 的施用量，其中 5% 施用量茎叶部 Pb 浓度降低幅度尤为显著，均与对照达显著性差异。除了 2P2 处理外，与 2.5% 相比，5% 浓度的处理，P0、P1、P3 茎叶部 Pb 浓度分别降低了 47.15%、27.86% 和 20.59%。

2.5% 的磷矿粉添加量下，随着粒径的递减，茎叶部和根部 Pb 的浓度也依次递减。最细粒径磷矿粉在 5% 添加水平下（5P3）黑麦草植株的 Pb 含量最低，根茎部分别较对照降低了 33% 和 56%。这与之前的玉米盆栽试验的结果一致。

3. 不同磷矿粉对黑麦草吸收积累 Zn 的影响

两种不同的磷矿粉施用浓度下，5% 不同粒径的磷矿粉处理后黑麦草的地上部

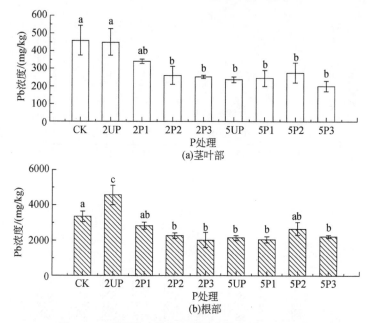

图 5-20　不同磷矿粉处理对黑麦草积累 Pb 的影响

分 Zn 的积累量低于 2.5% 的磷矿粉施用量（图 5-21）。可见，高施用量的磷矿粉可以更显著地降低黑麦草对 Zn 的积累。5% 施用量下 P0、P1、P2、P3 4 个粒径比 2.590 施用量下依次降低了 37.72%、22.05%、13.10% 和 17.75%。

　　相同施磷量不同粒径下，除 P1 磷矿粉外，随着磷矿粉粒径的降低，黑麦草地上部分和根部对 Zn 的积累量依次降低。根据土壤培养实验结果，锌的化学形态没有显著的变化，并未大量生成锌沉淀，所以目前研究中有两种理论可以解释 Zn 的降低：一是由于高磷用量促进了黑麦草的生物量，有稀释作用，降低了黑麦草对 Zn 的积累；二是植物体内的生理机制使得高磷水平下锌的积累量降低。

　　不同磷矿粉的粒径与施用量组合中，用 5% 最细粒径（P3）的磷矿粉处理后黑麦草植株对 Zn 的积累量最低，均与对照达到显著性差异，茎叶部降低了对照的 39.61%，根部降低了对照的 12.65%。

　　徐卫红等（2006a，2006b）在 Zn、Cd 复合污染及 Zn 单一污染土壤中的根袋土培试验和杨卓（2009）的研究结果认为黑麦草是 Zn 的超富集植物，但是本书中黑麦草的转运系数<1，这可能是由复合重金属污染，多种重金属之间的拮抗作用导致的。王宏信（2006）的黑麦草盆栽实验结果表明在一定的 Zn、Cd 浓度范围内两者之间存在相互抑制的关系。

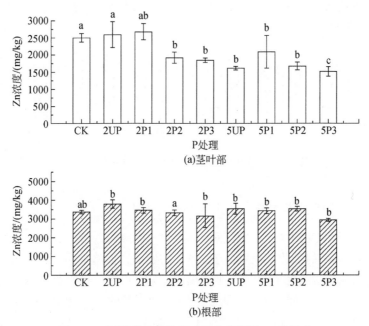

(a)茎叶部

(b)根部

图 5-21　不同磷矿粉处理对黑麦草积累 Zn 的影响

4. 不同磷矿粉对黑麦草吸收积累 Cu 的影响

黑麦草对重金属 Cu 的积累主要集中在地下部分，根部积累 Cu 的浓度约为茎叶部的 10 倍。添加磷矿粉后，除 2UP 处理外，黑麦草地上部分 Cu 的积累量均比对照显著降低，磷矿粉对根部积累重金属 Cu 没有显著的影响（图 5-22）。这与杜志敏等（2011）的研究结果一致，磷灰石可促进土壤 Cu 从可利用态向潜在可利用态和不可利用态转化，以降低对生物和环境的直接毒害作用，促进黑麦草的生长。这可能是由于黑麦草体内的生理机制使得 Cu 的积累主要集中在根部，而向茎叶部的转移时会得到抑制。

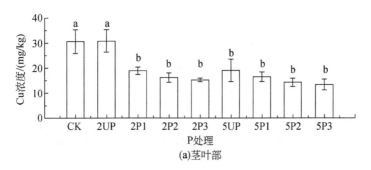

(a)茎叶部

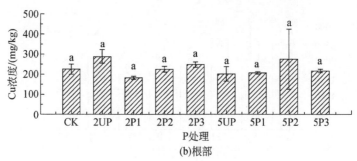

图 5-22　不同磷矿粉处理对黑麦草积累 Cu 的影响

5. 不同磷矿粉对黑麦草吸收积累 Cd 的影响

图 5-23 显示黑麦草对 Cd 的积累也主要集中在根部。5% 的磷矿粉添加量下黑麦草地上部分对镉的吸收积累要低于 2.5% 的处理，但施加磷矿粉对黑麦草积累重金属 Cd 的影响并没有达到显著水平。黑麦草对 Cd 的生物吸收系数与对 Pb、Zn、Cu 的生物吸收系数一样小于 1，即地上吸收/地下吸收<1，可见黑麦草并不是重金属 Pb、Zn、Cu 和 Cd 的超富集植物。丁园（2010）就 Cu、Cd 单一污染和复合污染对黑麦草生长和生理指标的影响进行了研究，发现黑麦草并不是 Cu、Cd 的超积

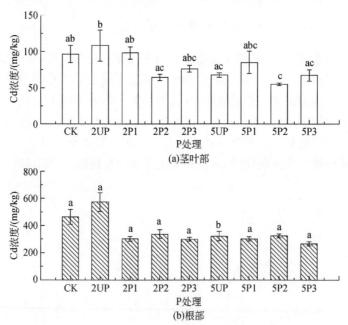

图 5-23　不同磷矿粉处理对黑麦草积累 Cd 的影响

累植物。但当土壤中 Cu 含量>230mg/kg 时，Cu、Cd 之间表现出协同作用。Cu、Cd 复合污染时黑麦草对两者的吸收量均明显加大。黑麦草作为复合重金属污染土壤植物修复的潜力。

5.3.3　小结

5% 的磷矿粉施用量下黑麦草的茎叶部生物量远远大于 2.5% 的磷矿粉施用处理，高浓度的磷矿粉施用量可以促进黑麦草的生长。

无论黑麦草的地上部分还是根部，磷矿粉都降低了它们对 Pb、Zn 和 Cu 的吸收积累，说明磷矿粉固定了土壤的 Pb、Zn 和 Cu，阻碍了黑麦草对 Pb、Zn 和 Cu 的吸收利用。

两种磷矿粉施加浓度中，5% 磷矿粉施用量的修复效果较 2.5% 的要更加显著。

在不同粒径磷矿粉和两种添加量的组合中，施加 5% 最细粒径（P3）对黑麦草吸收积累复合污染土壤中重金属的效果最好。

第6章　磷矿粉及骨炭对重金属 Cd 等污染土壤黑麦草生理生化的效应研究

近年来，随着工业的迅速发展工业引起的土壤污染越来越严重，其中的土壤重金属污染作为一个世界性的环境问题受到越来越多的关注。土壤重金属污染可影响植物的生长、粮食的品质，重金属通过食物链传递最终影响到人体健康。因此，开展重金属污染土壤的修复技术研究具有非常重要的科学意义和现实意义。土壤重金属的化学固定是指在污染土壤中施用化学添加剂从而降低土壤重金属的生物有效性和迁移性的修复方法，是修复重金属污染土壤的有效途径之一。因此，本书主要研究了重金属复合污染土壤中添加不同粒径的骨炭、磷矿粉对植物生理特性变化的影响［包括对植物过氧化物酶（POD）、超氧化物歧化酶（SOD）、过氧化氢酶（CAT）、抗坏血酸过氧化物酶（APX）的活性以及丙二醛（MDA）含量的影响］，为重金属复合污染的治理提供依据。

6.1　研究方法

6.1.1　仪器与材料

试验土壤采自湖南省株洲市重金属复合污染的稻田。土壤采回后经风干、磨碎、过1mm筛、保存，以备试验分析及作物培养试验应用。购买的骨炭、磷矿粉送至中国地质大学（北京）材料科学与工程学院实验室磨碎至不同粒径。土壤、骨炭及磷矿粉的基本理化性质见表6-1。

表6-1　供试土壤、骨炭和磷矿粉的理化性质

供试材料	pH	有机质/%	重金属含量/（mg/kg）				
			Pb	Zn	As	Cd	Cu
土壤	7.10	3.36	3823.68	17 478.25	308.83	744.83	1 950.39
BC1	9.42	—	—	109.89	4.88	—	20.10
BC2	9.53	—	—	110.73	5.47	—	19.17
BC3	9.55	—	—	113.56	5.76	—	21.08

续表

供试材料	pH	有机质/%	重金属含量/（mg/kg）				
			Pb	Zn	As	Cd	Cu
PKF1	7.79	—	7.13	49.62	—	0.40	1.43
PKF2	7.86	—	8.00	58.73	—	0.43	1.55
PKF3	8.05	—	12.69	123.99	—	0.49	3.27

分析仪器为 T6 新世纪紫外—可见分光光度计，植物种子为多年生黑麦草（*loleum perenne* L.）。

6.1.2　实验设计

选取黑麦草种子若干，用 10% H_2O_2 溶液消毒 10min，然后用去离子水冲洗若干遍，种子直接播种至土壤中。本次试验为盆栽试验，共设置 7 种土壤处理，分别为未添加骨炭和磷矿粉处理（CK）、添加 5% 的 200μm 骨炭（BC1）、添加 5% 的 22μm 骨炭（BC2）、添加 5% 的 0.8μm 的骨炭（BC3）、添加 5% 的 200μm 磷矿粉（PKF1）、添加 5% 的 22μm 磷矿粉（PKF2）和添加 5% 的 0.8μm 的磷矿粉（PKF3）。试验用盆为直径 18cm、高 16cm 的特制 PVC 盆，每盆装土 1.67 kg。每个处理设置 4 次重复，共 28 盆，土壤和添加剂充分混匀后即可播种。每盆播种数粒经过消毒的黑麦草种子，待出苗植物生长稳定后，选取长势较好的植株，每盆保留 20 株黑麦草，剔除多余植株。为保证植物的正常生长，试验前先施以一定的底肥：尿素 0.428g/kg、硫酸钾 0.247g/kg 和磷酸氢钙 0.323g/kg。试验在可调节光照和温度的培养室内进行，每两天用去离子水给土壤补充水分，使土壤水分保持田间持水量的 70%，植物长至 3 个月时剪取新鲜的植物叶片进行抗氧化系统相关酶的活性及丙二醛含量的测定。

6.1.3　抗氧化系统相关酶的活性及丙二醛含量的测定方法

1. 酶液中可溶性蛋白测定方法

取适量（0.1ml）的样品提取液，根据蛋白质浓度，用 0.1mol/L、pH 为 7 的磷酸缓冲液适当（2.9ml）稀释后，用紫外分光光度计分别在 280nm 和 260nm 波长下读取吸光度，以 pH 为 7 的磷酸缓冲液为空白调零。

$$C_1(\text{mg/ml}) = (1.45 \times A_{280} - 0.74 \times A_{260}) \times n \qquad (6\text{-}1)$$

式中，C_1 为蛋白质浓度（mg/ml）；1.45 和 0.74 为校正值；A_{280} 为溶液中酪氨酸（蛋白质均含有）在 280nm 处的吸光度；A_{260} 为核酸在紫外区 260nm 的吸光度；n

为比色杯中的稀释倍数。

$$C_2 浓度 = C_1 \times V/m \tag{6-2}$$

式中，V 为提取液总体积；m 为样品质量。

2. 过氧化物酶测定

POD 反应混合液：100mmol/L 的 Pi buffer（pH 为 6）1000ml，加入愈创木酚 560μl，加热搅拌，愈创木酚溶解冷却后，加入 30% H_2O_2 380μl，混合均匀，存于冰箱中待用。

POD 测定：取 2.95ml 反应混合液于光径 1cm 的比色杯中，加入 0.05ml 酶液，立即计时，测定 470nm 处吸光值，连续测定 30s，以 20mmol/L 的 KH_2PO_4 代替酶液作为校零对照。

结果计算：酶活性以每分钟每克鲜重的吸光度变化值 [U/（protein·min）] 表示。

$$POD 活性 = \Delta470 \times (3/0.05)/(30/60)/(Conc.\ Pro) = \Delta470 \times 120/(Conc.\ Pro) \tag{6-3}$$

式中，（3/0.05）为稀释倍数；（30/60）为单位分钟（min）；Conc. Pro 为粗酶液蛋白质浓度。

3. 超氧化物歧化酶活性测定

表 6-2 中除酶液和核黄素外，其他试剂在临用前可按比例混合后一次加入 2.6ml，使终浓度不变，核黄素最后加。

表 6-2　显色反应各溶液用量

试剂（+酶）	用量/ml	终浓度
0.05mmol/L Pi buffer（pH=7.8）	1.5	—
130mmol/L Met	0.3	13mmol/L
750μmol/L NBT	0.3	75μmol/L
100μmol/L EDTA-Na_2	0.3	10μmol/L
20μmol/L 核黄素	0.3	2μmol/L
H_2O	0.2	—
酶液	0.1	两支对照管以 Buffer 代替
合计	3	—

混匀后将 1 支对照管置于暗处，其他各管于 4000lx 日光下反应 15~30min，各管受光情况一致，温度高时时间缩短，温度低时时间延长。反应结束后，用黑

布罩住试管，终止反应。以不照光的对照管做空白，于 560nm 处测定各管吸光值。

SOD 活性单位：将 NBT 的光化还原抑制到对照的 50% 为一个酶活单位

$$SOD \text{ 比活力} = (A_o - A_s) \times V_t / (A_o \times 0.5 \times Con \times V_1) \tag{6-4}$$

式中，A_o 为照光对照管的吸收值；A_s 为样品管的光吸收值；V_t 为样液总体积（ml）；V_1 为测定时样品用量（ml）；Con 为粗酶液蛋白质浓度（mg/g），即每克鲜重含蛋白质毫克数。

4. 过氧化氢酶、抗坏血酸过氧化物酶和丙二醛含量的测定

过氧化氢酶、抗坏血酸过氧化物酶测定方法详见 3.2.1，丙二醛含量测定方法详见 3.1.1。

6.1.4 数据处理

所有数据均采用 SPSS 17.0 软件，对不同处理数据进行 ANOVA 和 Duncan 检验多重比较（$P<0.05$），数据以平均值±标准差表示。

6.2 结果与分析

6.2.1 过氧化物酶（POD）

各种添加剂对黑麦草过氧化物酶活性的影响如图 6-1 所示。从图 6-1 中可以看出，不论是何种添加剂均可以使黑麦草的过氧化物酶的活性较空白对照有所升高，但只有添加 22μmol/L、0.8μmol/L 骨炭的处理时才有显著升高。添加 200μmol/L、22μmol/L、0.8μmol/L 骨炭后黑麦草的过氧化物酶活性由空白对照的 10.169U/

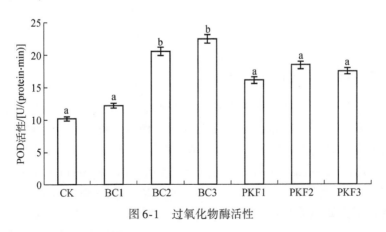

图 6-1　过氧化物酶活性

（protein·min）分别上升到 12.171U/（protein·min）、20.505U/（protein·min）、22.470U/（protein·min），分别上升了 19.69%、101.64%、120.97%。添加 200μm、22μm、0.8μm 磷矿粉的处理使黑麦草的过氧化物酶活性由 10.169U/（protein·min）分别增加到 16.074U/（protein·min）、18.437U/（protein·min）、17.537U/（protein·min），增加幅度分别为 58.07%、81.31%、72.46%。

6.2.2　超氧化物歧化酶（SOD）

如图 6-2 所示，各种粒径的骨炭及磷矿粉均可显著增加黑麦草叶片中超氧化物歧化酶的活性，其中又以添加 22μm、0.8μm 骨炭处理较空白对照的变化最为显著。添加 200μm、22μm、0.8μm 骨炭后植物超氧化物歧化酶的活性由对照的 1.909U/（protein·min）分别上升为 3.406U/（protein·min）、5.709U/（protein·min）、4.972U/（protein·min），上升幅度分别为 78.42%、199.06%、160.45%。添加 200μm、22μm、0.8μm 磷矿粉的处理使黑麦草的超氧化物歧化酶活性由 1.909U/（protein·min）分别增加到了 3.196U/（protein·min）、2.887U/（protein·min）、4.595U/（protein·min），分别增加了 67.42%、51.23%、140.70%。

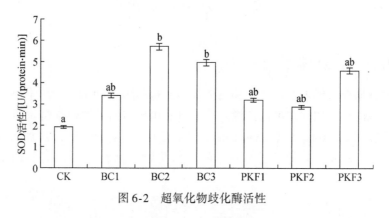

图 6-2　超氧化物歧化酶活性

6.2.3　过氧化氢酶（CAT）

不同粒径的骨炭、磷矿粉对黑麦草过氧化氢酶活性的影响如图 6-3 所示。由图 6-3 可以看出，添加 200μm、22μm 骨炭的处理与对照相比黑麦草的过氧化氢酶活性有所升高，但是差异并不显著，这两种粒径使黑麦草过氧化氢酶活性由空白对照的 0.213U/（protein·min）分别上升到 0.226U/（protein·min）、0.327U/（protein·min），上升幅度分别为 6.10%、53.52%；而土壤中添加 0.8μm 骨炭后黑麦草的过氧化氢酶活性则有明显的增加，由对照的 0.213U/（protein·min）增加到 0.470U/（protein·min），增加了 120.66%。土壤中添加 200μm、22μm 磷矿粉后黑麦草的活性与对照相比差异并不明显，这两种粒径使黑麦草过氧化氢酶活性有对照的 0.213U/（protein·min）分别上升到 0.367U/（protein·min）、0.385U/（protein·min），上升幅度分别为 72.30%、80.75%；而土壤中添加 0.8μm 磷矿粉后黑麦草的过氧化氢酶活性较空白对照有显著增加，由对照的 0.213U/（protein·min）增加到 0.759U/（protein·min），增长幅度高达 256.34%。从这些结果可以看出，不同粒径的改良剂之间粒径最小的磷矿粉对于过氧化氢酶活性的影响最为显著。

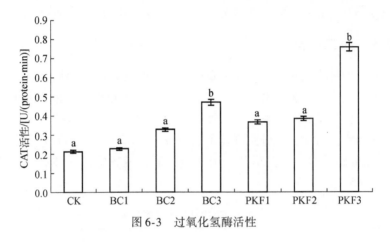

图 6-3　过氧化氢酶活性

6.2.4　抗坏血酸过氧化物酶（APX）

不同粒径的骨炭、磷矿粉对黑麦草叶片抗坏血酸过氧化物酶活性的影响如图 6-4 所示。添加骨炭后黑麦草抗坏血酸过氧化物酶的活性均有所升高，但是添加 200μm 骨炭的处理变化并不显著，添加 22μm、0.8μm 骨炭后的黑麦草坏血酸过氧化物酶的活性则有显著升高；添加 200μm、22μm、0.8μm 骨炭后的活

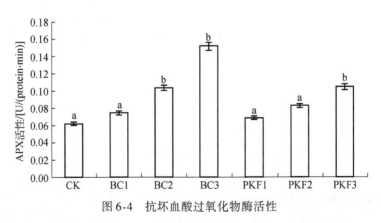

图 6-4　抗坏血酸过氧化物酶活性

性由空白对照的 0.062U/（protein·min）分别上升到 0.075U/（protein·min）、0.104U/（protein·min）、0.152U/（protein·min），上升幅度分别达到了 20.97%、67.74%、145.16%。不同粒径的磷矿粉也都可以提高黑麦草叶片的抗坏血酸过氧化物酶的活性，但只有 0.8μm 磷矿粉处理的变化比较显著；土壤中添加 200μm、22μm、0.8μm 磷矿粉后植物的抗坏血酸过氧化物酶活性由空白对照的 0.062U/（protein·min）分别增加到 0.069U/（protein·min）、0.083U/（protein·min）、0.105U/（protein·min），增加幅度分别为 11.29%、33.87%、69.35%。

6.2.5　丙二醛含量

不同粒径的骨炭及磷矿粉对黑麦草叶片丙二醛含量的影响见表 6-3。由表 6-3 可以看出，添加不同粒径骨炭或者磷矿粉处理后黑麦草的丙二醛含量较空白对照均有所降低，但是差异并不显著。添加 200μm、22μm、0.8μm 骨炭后黑麦草中的丙二醛含量与空白对照相比分别降低了 5.16%、13.91%、28.48%，添加 200μm、22μm、0.8μm 磷矿粉后黑麦草叶片中的丙二醛含量较空白对照相比分别降低了 3.08%、16.65%、22.31%。

表 6-3　植物叶片丙二醛含量

处理	丙二醛含量/（μmol/g）
CK	0.1201±0.0139
BC1	0.1139±0.0060
BC2	0.1034±0.0070
BC3	0.0859±0.0118
PKF1	0.1164±0.0218
PKF2	0.1001±0.0273
PKF3	0.0933±0.0047

6.3　结论与讨论

在重金属复合污染土壤中添加不同粒径的骨炭、磷矿粉后，植物的抗氧化系统相关酶的活性都有不同程度的提高。添加 200μm 骨炭、200μm 磷矿粉及 22μm 磷矿粉的处理可以显著提高黑麦草超氧化物歧化酶的活性；添加 22μm 骨炭可显著增加过氧化物酶、超氧化物歧化酶、抗坏血酸过氧化物酶的活性；添加 0.8μm 磷矿粉后黑麦草的过氧化氢酶、超氧化物歧化酶、抗坏血酸过氧化物酶的活性有显著增加；土壤中添加 0.8 μm 骨炭后植物的各种酶的活性均有显著提高。

重金属胁迫会导致植物细胞内活性氧的积累，从而引发膜脂过氧化。丙二醛是膜脂过氧化的主要产物之一，它在细胞内的浓度大小能够反映膜系统受伤害的程度（阎成士等，1999）。添加不同粒径的骨炭及磷矿粉后植物叶片中的丙二醛含量与空白对照相比均有所降低，这是因为骨炭、磷矿粉的加入降低了土壤中重金属的活性。王辉和张文会（2008）的研究表明，土壤中的重金属会显著增加植物的 MDA 含量。陶毅明等（2008）的研究发现 Cd 会引起木榄幼苗体内膜脂过氧化，并且 MDA 含量会随着 Cd 浓度的升高而增大。张丽洁等（2009）、张茜等（2008）等的研究表明磷矿粉等磷酸盐可以降低重金属污染土壤中的重金属含量。不同粒径骨炭、磷矿粉的加入使黑麦草叶片中的 MDA 含量较对照处理均有所下降，并且骨炭的作用相比磷矿粉更加明显。

植物细胞正常代谢过程中由于外因（生物和非生物的胁迫）和内因（光学作用电子传递链和某些酶学反应）使细胞内积累了过量的活性氧，活性氧自由基的产生与清除的平衡对生物体起着非常重要的作用。植物正常条件下能够有效地清除体内的活性氧自由基，使细胞免受伤害。但是，在逆境条件下，植物体内的活性氧自由基的产生速度远远超过植物自身清除活性氧的能力，这样就会对植物造成伤害。植物体内的 CAT、APX、POD、SOD 所构成的保护酶系统可以清除有害的体内活性氧，对植物的膜系统起到保护作用（郑世英等，2007）。

过氧化氢酶是一种保护性酶，能够清除细胞内过多的 H_2O_2，使细胞内的 H_2O_2 维持在一个正常水平，从而保护膜结构。过氧化物酶是一种含 Fe 的金属蛋白质，它的作用如同氢的接受体一样，是植物体内重要的代谢酶，参与植物很多重要的生理活动，如细胞分裂、生长发育等。过氧化物酶同时也是植物体内抗氧化酶系统的重要组成部分，能够催化有毒物质的分解，其活性的高低反映了植物受毒害的程度（韩金龙等，2010）。超氧化物歧化酶是氧自由基的清除剂，它可以将 O_2^- 歧化为 H_2O_2 和 O_2，影响植物体的浓度，防止生物膜脂质过氧化，以达到保护植物生物膜的目的（王意锟等，2011）。抗坏血酸过氧化物酶以抗坏血酸为电子供体，它的催化反应为 $2AsA + H_2O_2 \longrightarrow 2MDA$（单脱氢抗坏血酸）$+ 2H_2O$。一般认为，APX 是叶绿体内清除 H_2O_2 的主要酶（李惠华和赖钟雄，2006）。

重金属污染土壤中添加不同粒径的骨炭、磷矿粉以后，黑麦草叶片各种酶的活性与空白对照相比均有不同程度的升高。这表明骨炭、磷矿粉的加入减轻了重金属的毒害，缓解了酶系统损伤程度，从而提高了抗氧化系统相关酶的活性，使植物受毒害的程度有所减轻。这与王意锟等（2011）的研究结果相一致，他们的研究结果表明，添加改良剂如腐殖酸、凹凸棒等均在不同程度上提高了豇豆叶片过氧化物酶的活性。

第7章 新型生物可降解螯合剂诱导的植物修复重金属污染土壤的潜力研究

土壤重金属污染严重制约着人类社会的可持续发展，对重金属污染土壤的治理和修复已成为全球范围内亟待解决的问题。植物修复作为一种生态友好型原位绿色修复技术成为土壤修复研究的热点。然而，目前最具有推广价值的超积累植物因生物量低、生长缓慢、对重金属的积累具有专一性等缺点，大大限制了植物修复技术在重金属污染尤其是复合重金属污染土壤治理方面的推广应用。利用生长速度快、生物量大的普通植物借助其他技术辅助的联合植物修复便成了有效可行的替代途径和研究焦点。近年来，金属螯合剂诱导的化学-植物联合修复技术备受关注。其中乙二胺四乙酸（ethylene diamine tetraacetic acid，EDTA）是最常用也是研究最多的一种螯合剂。研究发现，EDTA虽然可促进植物吸收重金属，但由于其不能被生物所降解，存在潜在的环境风险，因此，寻找和研究生物可降解螯合剂在植物修复中的应用成为该领域的研究热点。目前可降解螯合剂用于植物修复的研究主要集中在乙二胺二琥珀酸（ethylene diamine disuccinic aeid，EDDS）。冬氨酸二丁二酸醚（aspartic aciddiethoxv succinate，AES）、亚胺二丁二酸（iminodi succinic acid，IDSA）、聚环氧琥珀酸（sodium of poly eposy suecinic acid，PESA）是最新研究发现的三种生物可降解螯合剂，与EDDS同为氨基酸衍生物。本书对5种螯合剂EDTA、EDDS、AES、IDSA和PESA在促进植物吸收重金属效率方面进行对比研究。

7.1 螯合剂对土壤中重金属的吸附解吸行为影响

土壤中重金属的吸附解吸直接影响重金属在土壤及其生态环境中的形态转化、迁移和归趋，并最终影响农产品的质量及人类的生存环境。研究螯合剂对土壤中重金属的吸附解吸行为对理解其在土壤中的迁移、转化及生物有效性具有重要意义。螯合剂中非生物可降解螯合剂EDTA与可生物降解的螯合剂EDDS在金属螯合剂诱导植物修复技术中的应用，前人已有研究；而IDSA、PESA和AES为新发现的生物可降解螯合剂，均为冬氨酸衍生物，目前已经证实他们比EDTA和DTPA的生物降解能力强。本书通过比较研究不同浓度水平非生物可降解螯合剂EDTA

与生物可降解螯合剂 EDDS、AES、IDSA、PESA 对土壤中重金属的吸附解吸行为影响，发现了 5 种螯合剂对土壤重金属的作用规律，并将其作为后续研究的基础。

7.1.1　研究方法

1. 实验材料

供试土壤采自北京市通州区农田，为无污染土土壤，土壤类型属于潮土，土壤质地为中壤土，土壤的 pH 为 7.8，土壤经自然风干后，过 2mm 筛。土壤基本理化性质分析参照鲁如坤（2000）的方法（表 7-1）。

表 7-1　土壤基本理化性质

分析项目	pH	有机质含量/%	铅背景值/（mg/kg）	锌背景值/（mg/kg）	铜背景值/（mg/kg）	镉背景值/（mg/kg）
含量	7.8	2.04	0.03	32.9	28.8	0.0025

2. 实验设计

在风干土壤中加入 Pb、Cu、Zn、Cd 4 种重金属，2500mg/kg Pb（$PbCO_3$）、500mg/kg Cu（$CuSO_4 \cdot 5H_2O$）、1000mg/kg Zn（$ZnSO_4 \cdot 7H_2O$）、15mg/kg Cd[Cd（NO_3）$_2 \cdot 4H_2O$]。反复混匀后装入塑料杯，每杯装土 200g，同时分别加入 5 种螯合剂（EDTA、EDDS、AES、IDSA、PESA），每种螯合剂设 3 个浓度梯度：2.5mmol/kg、5mmol/kg、10mmol/kg，以不加任何螯合剂只加去离子水作为对照，5 种螯合剂均配制成 75mmol/L 的溶液，一次性缓慢施入。每个处理均为 4 个重复。连续培养 20 天，培养期间每天以称重法加去离子水使土壤的湿度保持为田间持水量的 60% 左右，然后分别在 2 天、5 天、10 天、15 天、20 天时取土，风干后称取 0.100g 土样置于 50ml 离心管中，加入 20ml 的 0.1mol/L Ca（NO_3）$_2$（作为支持电解质）溶液，固液比为 1:20，25℃ 振荡 4h，平衡 24h 后离心，测定上清液中 Pb^{2+}、Zn^{2+}、Cu^{2+}、Cd^{2+} 的浓度，计算土壤对 Pb^{2+}、Zn^{2+}、Cu^{2+}、Cd^{2+} 的解吸附量。

7.1.2　结果与分析

由表 7-2 可看出，土壤中 Pb 解吸量在培养 10 天内逐渐下降，10 天后又出现上升趋势。这可能与试验中使用的土样有关，试验所用土壤为无污染土，经人工添加重金属后的污染土，存在两周左右的平衡老化时间。在这一过程中重金属元素与土壤发生物理、化学、生物反应，其生物可利用性随着反应时间而逐渐变弱，最终以较稳定的形态在土壤中存在。

表 7-2　各处理土壤溶液中 Pb 的解吸量随时间的变化

螯合剂种类	螯合剂浓度/(mmol/kg)	土壤中 Pb 的解吸量/(mg/kg)				
		培养天数				
		2	5	10	15	20
EDTA	2.5	256.16	162.94	62.68	162.57	232.29
EDDS	2.5	0.13	0.03	0.09	0.02	0.24
AES	2.5	28.99	13.09	10.27	11.56	17.15
IDSA	2.5	4.12	0.13	1.17	0.12	1.60
PESA	2.5	1.78	0.05	0.07	0.02	0.08
EDTA	5	520.66	243.87	195.41	339.77	473.16
EDDS	5	0.76	0.11	15.01	1.92	1.15
AES	5	28.76	16.06	10.01	13.70	21.48
IDSA	5	32.99	12.07	6.75	1.29	2.41
PESA	5	0.59	0.11	0.04	0.16	0.10
EDTA	10	964.44	774.30	328.62	516.85	844.74
EDDS	10	652.38	300.56	67.23	17.92	4.08
AES	10	10.63	16.46	5.99	6.35	15.85
IDSA	10	164.43	60.92	11.91	6.35	21.08
PESA	10	0.17	0.10	0.08	0.44	0.08
CK	0	0.06	0.02	0.07	0.08	0.10

　　螯合剂 ISA、PESA 处理的土壤中 Pb 的解吸量与对照相比差异不显著，AES 处理的土壤中 Pb 的解吸量与对照相比差异显著，并且浓度在小于 10mmol/kg 时，AES 对 Pb 的促进作用介于 EDTA、EDDS 之间，并且与 EDTA、EDDS 存在显著差异。在螯合剂浓度为 10mmol/kg 时，AES 对 Pb 的促进作用显著低于 EDTA、EDDS。

　　对表 7-3 数据分析可以得出，随着螯合剂浓度的增加，土壤 Zn 的解吸量总体呈现递增的趋势。在添加螯合剂 10 天内，新型螯合剂对土壤中 Zn 解吸的促进作用大于螯合剂 EDTA 和 EDDS；在老化平衡之后，不可降解的螯合剂 EDTA 对污染土壤中 Zn 的解吸仍然有增加作用，而螯合剂 IDSA、PESA 的易生物降解性，他们对土壤中 Zn 的解吸几乎没有增加作用，与对照没有显著差别。AES 在浓度等于 10mmol/kg 时与对照相比差异显著。

表 7-3　各处理土壤溶液中 Zn 的解吸量随时间的变化

螯合剂种类	螯合剂浓度/(mmol/kg)	土壤中 Zn 的解吸量/(mg/kg)				
		2 天	5 天	10 天	15 天	20 天
EDTA	2.5	236.56	140.76	66.61	80.09	111.01
EDDS	2.5	147.93	26.56	19.28	17.21	22.37
AES	2.5	344.26	169.96	68.55	126.17	129.92
IDSA	2.5	177.43	98.68	14.69	13.75	20.04
PESA	2.5	155.09	68.12	6.64	13.75	20.01
EDTA	5	52.71	54.92	19.68	24.26	32.68
EDDS	5	346.24	155.83	131.71	123.67	191.23
AES	5	322.80	65.02	82.62	80.39	220.05
IDSA	5	336.28	188.37	102.28	150.90	149.24
PESA	5	349.34	133.72	26.38	26.11	30.04
EDTA	10	108.59	21.03	6.98	10.55	24.54
EDDS	10	537.78	322.87	210.87	191.52	497.52
AES	10	681.19	152.82	192.56	381.22	265.36
IDSA	10	297.65	313.52	171.97	249.66	302.87
PESA	10	504.74	217.15	105.06	103.51	126.63
CK	0	45.66	12.46	1.27	0.82	2.57

新型螯合剂 ISA 对土壤中 Cu 的解吸促进作用显著大于对照及除 EDDS 外的其他螯合剂的促进作用,最高可达到对照的 370 倍。新型螯合剂 AES 对土壤中 Cu 的解吸促进作用小于 EDDS,螯合剂对土壤中 Cu 解吸的促进作用依次为 EDDS>IDSA>EDTA>AES>PESA。15 天以后,在浓度为 10mmol/kg 的 EDDS 作用下,土壤 Cu 的解吸量出现下降,这可能与螯合剂的可生物降解性有关。PESA 的效果与对照相比不显著(表 7-4)。

表 7-4　各处理土壤溶液中 Cu 的解吸量随时间的变化

螯合剂种类	螯合剂浓度/(mmol/kg)	土壤中 Cu 的解吸量/(mg/kg)				
		2 天	5 天	10 天	15 天	20 天
EDTA	2.5	128.16	70.27	37.79	48.78	79.19
EDDS	2.5	459.45	148.54	129.66	139.58	276.67
AES	2.5	184.59	82.36	50.27	74.31	73.28
IDSA	2.5	285.47	144.84	76.76	70.27	108.46

续表

螯合剂种类	螯合剂浓度 /(mmol/kg)	土壤中 Cu 的解吸量/(mg/kg)				
		2 天	5 天	10 天	15 天	20 天
PESA	2.5	5.29	0.16	0.40	0.66	1.52
EDTA	5	269.79	97.31	89.15	94.36	138.83
EDDS	5	464.52	215.84	169.62	242.52	446.53
AES	5	200.23	90.92	70.31	97.06	60.97
IDSA	5	332.89	175.54	93.81	113.44	147.38
PESA	5	5.12	0.15	0.38	0.71	1.25
EDTA	10	316.93	201.17	126.63	124.50	233.70
EDDS	10	444.70	262.80	231.47	350.77	307.57
AES	10	191.43	163.06	102.19	133.56	158.44
IDSA	10	379.54	239.15	175.26	271.99	337.95
PESA	10	5.35	0.73	0.62	1.37	3.07
CK	0	0.32	0.03	0.37	0.35	0.32

AES 对土壤 Cd 解吸的增加作用显著大于对照及其他螯合剂，虽然 EDTA 对土壤 Cd 解吸的增加作用也显著大于对照，但是其增加作用却显著小于 AES 的增加作用。其中，浓度为 5mmol/kg 的 AES 处理的土壤中 Cd 的解吸量可以达到对照的 7 倍（表 7-5）。

表 7-5　各处理土壤溶液中 Cd 的解吸量随时间的变化

螯合剂种类	螯合剂浓度 /(mmol/kg)	土壤中 Cd 的解吸量/(mg/kg)				
		2 天	5 天	10 天	15 天	20 天
EDTA	2.5	0.21	0.27	0.10	1.76	2.27
EDDS	2.5	0.13	0.08	0.00	0.06	1.00
AES	2.5	5.49	2.06	1.19	4.04	3.97
IDSA	2.5	0.14	0.13	0.03	0.03	0.09
PESA	2.5	0.05	0.06	0.07	0.02	0.06
EDTA	5	2.80	0.19	1.06	2.43	4.74
EDDS	5	0.14	0.07	0.02	0.03	0.02
AES	5	4.90	4.38	2.70	5.78	8.99
IDSA	5	0.08	0.05	0.01	0.02	0.05
PESA	5	0.05	0.06	0.02	0.02	0.01
EDTA	10	1.32	1.16	1.08	2.45	4.52

续表

螯合剂种类	螯合剂浓度 /(mmol/kg)	土壤中 Cd 的解吸量/(mg/kg)				
		2 天	5 天	10 天	15 天	20 天
EDDS	10	0.11	0.07	0.07	0.14	1.01
AES	10	3.08	3.08	2.69	5.43	9.12
IDSA	10	0.10	0.04	0.02	0.07	0.02
PESA	10	0.13	0.03	0.00	0.11	0.01
CK	0	0.07	0.15	0.13	0.00	0.21

7.1.3　结论

1) 人工添加重金属制造的污染土, 存在两周左右的平衡老化时间。10 天后, 不能被生物降解的螯合剂处理的土壤中重金属的解吸量可以继续增加, 而新型螯合剂处理的土壤平衡后, 重金属的解吸量在短时间内会增加, 然后降低。

2) 螯合剂 AES 在 3 种浓度下, 对污染土壤中重金属 Pb、Cd、Zn、Cu 的解吸作用与对照相比均存在显著差异, 其中对污染土壤中 Zn 的解吸促进作用显著高于其他螯合剂。

3) 当螯合剂 ISA 浓度为 2.5mmol/kg、5mmol/kg 和 10mmol/kg 时, 对污染土壤中重金属 Pb、Cd、Zn 的解吸作用与对照相比, 差异不显著, 而对 Cu 的解吸作用却与对照差异显著, 并且显著高于除 EDDS 外的其他螯合剂处理。

4) 当螯合剂 PESA 浓度为 2.5mmol/kg 和 5mmol/kg 时, 重金属 Pb、Cd、Zn、Cu 的解吸量与对照相比, 差异不显著; 当螯合剂 PESA 浓度为 10mmol/kg 时, 污染土壤中 Cu 解吸量与对照存在显著差异, 但比其他螯合剂处理解吸量低。

7.2　不同种类及水平螯合剂修复污染土壤的效率

以 EDTA 为代表的不可降解螯合剂在促进植物吸收土壤中重金属的同时, 也存在潜在环境风险。寻找具有可生物降解的配体和有机增溶剂对于螯合剂用于土壤重金属污染修复的推广应用具有很大影响, 同时也是螯合剂修复土壤重金属污染领域的研究热点。通过土培试验比较研究不同浓度的 EDTA、EDDS、AES、IDSA、PESA 对植物根部及地上部分 Cu、Zn、Pb 和 Cd 含量的影响及对污染土壤中重金属的溶解作用, 以阐明这些新型螯合剂在重金属污染土壤修复中的潜在能力。

7.2.1 研究方法

1. 试验材料

供试植物为单子叶植物玉米（*Zea mays*）、黑麦草（*Lolium perenne* L.）。玉米生物量大、生长速度快；黑麦草再生能力强，易于种植，生物量也较大，抗病虫害能力强，有报道显示黑麦草对重金属具有很强的抗性，且对重金属有富集作用（Robisnon et al.，1997；Khan et al.，2000）。试验所用污染土壤与吸附解吸试验相同。

2. 试验设计与植物培养

土培试验选择在温室内进行。玉米在温室内自然光照条件下生长，温度为18~30℃。在风干土壤中加入 Pb、Cu、Zn、Cd 4 种重金属，所加重金属的量与吸附解吸试验所加总金属的量相同，反复混匀后装入塑料盆，每盆装土 750g，共 64 盆。平衡两周后，一次性施入基肥，以磷酸二氢钾（KH_2PO_4）、尿素 [$CO(NH_2)_2$] 溶液的形式施入（其中，氮 100mg/kg；磷 80mg/kg；钾 100mg/kg）。选取籽粒饱满的玉米种子浸泡于 10% 的 H_2O_2 溶液中消毒 10min，用去离子水洗净后，将种子用去离子水浸润在纱布上，使种粒半淹于水中，纱布遮盖，在培养箱中催芽两天后点播，待种子萌发 1 周后间苗，每盆留两株。生长期间每天以称重法用去离子水使土壤的湿度保持为田间持水量的 60% 左右。幼苗生长 45 天后，分别加入 5 种螯合剂（EDTA、EDDS、AES、IDSA、PESA），螯合剂设 3 个浓度梯度：2.5mmol/kg、5mmol/kg、10mmol/kg，以不加任何螯合剂只加去离子水为对照，5 种螯合剂均配制成 75mmol/L 的溶液，一次性缓慢施入。每种植物的每个处理均为 4 个重复。黑麦草试验的培养方法同上，黑麦草处理时添加 5 种螯合剂浓度均为 5mmol/kg。

3. 植物分析测定

处理两周后，距土面高 1cm 剪取地上部分，同时收获玉米的根，测量鲜重；在 80℃下烘干，称干重。将玉米地上部分及根研碎后，称取 0.2g 植物样，加入 5ml 的硝酸硝煮，硝煮完全后，定容过滤，用 ICP-OES 测定植物样中的金属含量。

4. 土壤水提取态金属含量测定

收获植物后，采集土壤样品并风干，将 2g 土壤样品（孔径小于 2mm）用 10ml 去离子水在室温下水平振荡 2h，离心，取上清液，测定金属含量（廖敏和黄昌勇，2002）。

7.2.2　结果与分析

1. 螯合剂处理对玉米地上部分生物量的影响

在不施螯合剂的条件下，玉米能正常生长，没有表现出明显的中毒症状。而施用螯合剂后，生长受到一定程度的抑制。其中，经 EDDS 处理的玉米出现明显的中毒症状，主要表现为叶片失绿，部分叶片出现萎蔫失水。与对照相比，各种螯合剂处理的玉米地上部分干物重都趋于下降，EDDS 处理的玉米地上部分的干重与对照差异达到显著水平（$P<0.05$）。而螯合剂浓度为 2.5mmol/kg 时，AES、IDSA、PESA 3 种螯合剂处理的玉米地上部分的干重与对照相比并没有减少（图 7-1）。螯合剂处理的植物生物量减少可能与螯合剂促进植物对重金属的吸收有关。

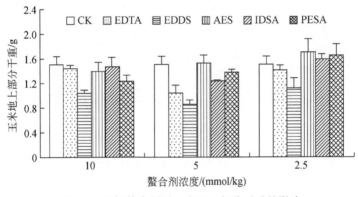

图 7-1　施加螯合剂对玉米地上部分干重的影响

2. 螯合剂处理对玉米根部重金属含量的影响

新型螯合剂处理的玉米根部 Pb、Zn 浓度与对照相比差别不显著，与 EDTA、EDDS 相比差异显著（$P<0.05$）。如图 7-2（a）所示对玉米根部 Pb 及 Zn 浓度有显著增加作用的是 EDTA 及 EDDS，且随着螯合剂浓度的增加，增加作用逐渐加强。其中，经 EDTA 处理的玉米根部 Pb 浓度可以达到对照的 4.7 倍。EDTA 对玉米根部 Pb 浓度的增加作用显著大于 EDDS 的作用（$P<0.05$），EDDS 对玉米根部 Zn 浓度增加作用与 EDTA 的作用差异并不显著。新型螯合剂 AES、IDSA 浓度为 10mmol/kg 及 5mmol/kg 处理的玉米根部 Cu 浓度与对照有显著差异。而螯合剂 PESA 处理的玉米根部 Cu 浓度与对照相比，差异不显著。新型螯合剂 AES、IDSA 在浓度为 5mmol/kg 时，与 EDTA、EDDS 差异不显著。而 AES、IDSA 在浓度为 10mmol/kg 时，与 EDTA 差异显著，而与 EDDS 差异不显著［图 7-2（c）］3 种新

型螯合剂中只有浓度为 10mmol/kg 的 AES 处理的玉米根部 Cd 浓度与对照差别显著。浓度为 2.5mmol/kg、5mmol/kg 的新型螯合剂处理的玉米根部 Cd 浓度与对照差别不显著，与 EDTA 相比差异显著。

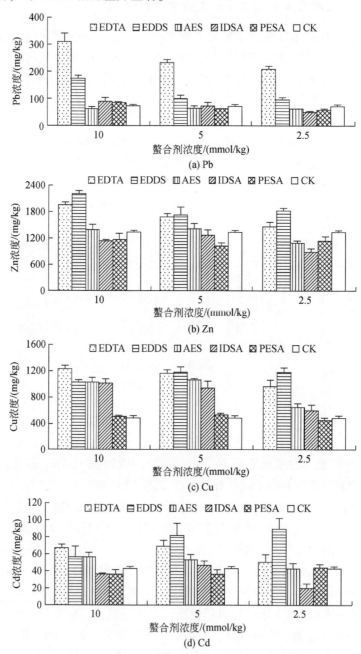

图 7-2　施加螯合剂对玉米根部重金属浓度的影响

3. 螯合剂处理对玉米地上部分重金属含量的影响

新型螯合剂除浓度为 10mmol/kg IDSA 处理的玉米地上部分的 Pb 浓度与对照差异显著外，其余各种浓度新型螯合剂处理的玉米地上部分的 Pb 浓度与对照差别不显著。EDTA 对玉米地上部分 Pb 含量的增加作用显著大于相同浓度水平的其他螯合剂的增加作用。浓度为 10mmol/kg 的 EDTA 处理的玉米地上部分重金属浓度最高可以达到对照的 16 倍［图 7-3（a）］。新型螯合剂对玉米地上部分 Cu 浓度的增加作用与对照差别不显著，螯合剂中只有 EDDS 处理的玉米地上部分 Cu 浓度与对照差别显著，且浓度为 5mmol/kg 时差别极显著［图 7-3（c）］。对玉米地上部分 Zn 含量的增加作用最显著的是浓度为 10mmol/kg 时的 EDDS，其余螯合剂对 Zn 含量的增加作用与对照相比都不显著（$P > 0.05$）［图 7-3（b）］。新型螯合剂对玉米地上部分 Cd 的增加作用与对照相比均不显著。与 EDTA 的差别不显著。与对照相比对玉米地上部分 Cd 浓度有显著增加作用的为 EDDS［图 7-3（d）］。

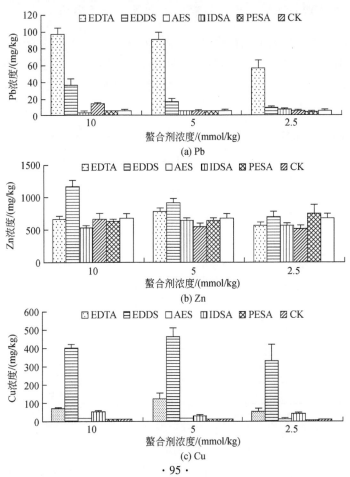

(a) Pb

(b) Zn

(c) Cu

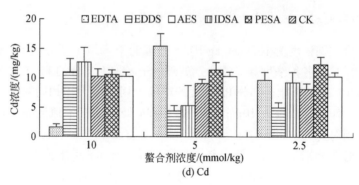

图 7-3　施加螯合剂对玉米地上部分重金属浓度的影响

试验结果发现，大多数与对照差异显著的螯合剂的浓度都为 5mmol/kg。高浓度的螯合剂对玉米地上部分及根部重金属含量的增加有一定的抑制作用。

4. 螯合剂处理对玉米土壤水提取态重金属含量的影响

由表 7-6 可知，在未施用螯合剂的土壤（CK）中，水提取态 Pb、Zn、Cu 和 Cd 的含量均较低，且都不足土壤金属总量的 1%。加入螯合剂后，重金属含量与对照相比均有所增加，并且随着施用螯合剂浓度的增加，螯合剂对重金属的溶解效果呈逐渐增加趋势。

表 7-6　不同浓度螯合剂处理对土壤水提取态 Pb、Zn、Cu 和 Cd 含量的影响

螯合剂	浓度 /（mmol/kg）	土壤中水提取态重金属含量/（mg/kg）			
		Pb	Zn	Cu	Cd
CK	—	1.49	3.81	1.16	0.32
EDTA	2.5	57.7	80.4	93.3	3
	5	59.6	122.3	124.2	4
	10	132.5	199.3	154.8	4.2
EDDS	2.5	—	1.3	117.5	—
	5	—	10.9	322	—
	10	10	237.6	405.7	0.9
AES	2.5	2.7	68.5	58.7	2.8
	5	4.5	67.2	49	3.4
	10	4.1	76.8	54.6	3.7

续表

螯合剂	浓度/(mmol/kg)	土壤中水提取态重金属含量/(mg/kg)			
		Pb	Zn	Cu	Cd
IDSA	2.5	0.2	4.9	65.7	—
	5	0.5	7	72.5	—
	10	5.6	58.4	141.7	3.5
PESA	2.5	0	3.3	1.7	—
	5	8.5	19.5	12.8	0.4
	10	32	43.7	35.1	0.37

经新型螯合剂 IDSA、AES 处理的水提取态 Cu 含量与对照相比差异显著，分别约为对照的 122 倍、47 倍，新型螯合剂的增加作用显著小于 EDDS、EDTA 的增加作用。EDDS、EDTA 处理的水提取态 Cu 含量分别约为对照的 349 倍、133 倍。IDSA 与 AES 之间的差别不显著，这与螯合剂对土壤中重金属吸附解吸行为影响试验结果相一致，IDSA 处理后土壤中 Cu 解吸浓度高于除 EDDS 外的其他螯合剂处理。

IDSA 对土壤水提取态 Cu 含量增加作用高于 AES，而 IDSA-Cu 的金属螯合物的稳定常数为 12.9，略小于 AES-Cu 的螯合稳定常数 13.1，这可能是因为 AES-Cu 与 IDSA-Cu 的螯合稳定常数相差较小，在 Cu-Zn 复合污染土壤中 Zn 会和 Cu 竞争与 AES 螯合。而 IDSA-Zn（10.2）与 IDSA-Cu（12.9）的螯合常数差异较大，Zn 不会和 Cu 竞争 IDSA，因而在 Cu-Zn 复合污染土壤中，IDSA 活化 Cu 的能力反而高于 AES。

AES、EDTA 与对照相比能够显著增加土壤中水提取态 Zn 含量 0mmol/kg，EDTA、AES 处理的 Zn 含量分别约为对照的 52 倍、20 倍。EDTA 作用大于 AES，可能与螯合剂 EDTA 对 Zn 的金属螯合物的稳定常数（16.44）大于 AES 对 Zn 的金属螯合物的稳定常数（11.3）有关。IDSA 作用下水提取态 Zn 含量约为对照的 15 倍。AES 对土壤水提取态 Zn 含量增加作用大于 IDSA，这与两种螯合剂与 Zn 形成金属螯合物的稳定常数有关。螯合剂与重金属形成的螯合物越稳定，螯合剂活化相应重金属的能力越强。AES 与 Zn 的金属螯合物的稳定常数为 11.3，而 IDSA 对 Zn 的金属螯合物的稳定常数为 10.2。

EDTA、AES 处理的土壤水提取态 Cd 含量与对照差异显著，EDTA、AES 处理的 Cd 的含量分别为对照的 13 倍、11 倍。EDTA 与 AES 之间的差异不显著。EDTA 处理的土壤水提取态 Pb 含量与对照相比差异显著，含量约为对照的 88.9 倍。其余螯合剂处理的 Pb 含量与对照差别不显著。

5. 螯合剂处理对黑麦草根部重金属含量的影响

新型螯合剂处理的黑麦草根部 Pb 浓度与对照相比差别不显著，与 EDTA 相比差异显著（$P<0.05$）［图 7-4（a）］。这与土培玉米实验结果相一致。与对照相比，对黑麦草根部 Pb 浓度的增加作用最显著的是 EDTA，经 EDTA 处理的黑麦草根部 Pb 浓度可以达到对照的 11 倍。EDTA 对黑麦草根部 Pb 浓度的增加作用显著大于 EDDS 的作用（$P<0.05$）。该结论与玉米试验所得到的结果一致。

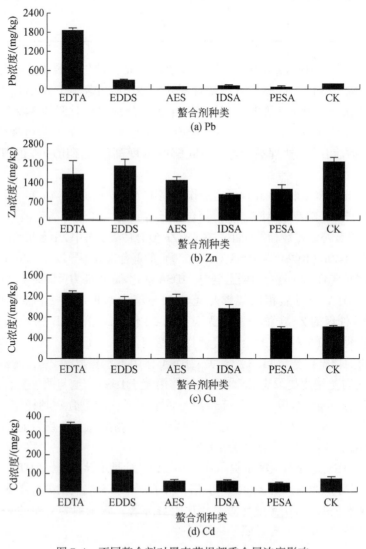

图 7-4　不同螯合剂对黑麦草根部重金属浓度影响

EDDS 对黑麦草根部 Zn 浓度增加作用与 EDTA 的作用差异并不显著。新型螯合剂 AES 对黑麦草根部 Cu 浓度的增加作用与对照差异显著，但却与 EDTA、EDDS 差异不显著。而用螯合剂 PESA 处理的黑麦草根部 Cu 浓度与对照相比，差异不显著。该结论与玉米土培试验中结论相吻合。

除用 EDTA、EDDS 处理的黑麦草根部 Cd 含量与对照相比差异显著外，用其余螯合剂处理的黑麦草根部 Cd 含量与对照差别均不显著。

6. 螯合剂处理对黑麦草地上部分重金属含量的影响

新型螯合剂处理的黑麦草地上部分 Pb 浓度与对照差异不显著，与 EDTA 存在显著差异。EDTA 对黑麦草地上部分 Pb 含量的增加作用显著大于其他螯合剂的增加作用。EDTA 处理的黑麦草地上部分 Pb 浓度可以达到对照的 17 倍 [图 7-5（a）]，与 EDTA 处理的玉米结果相近，Pb 含量可达对照的 16 倍。新型螯合剂 AES 对黑麦草地上部分 Cu 浓度的增加作用与对照差别显著，螯合剂 EDDS 处理的黑麦草地上部分 Cu 浓度与对照差别显著，AES 与 EDDS 之间差别不显著 [图 7-5（c）]。与对照相比 AES、EDDS、EDTA 可以显著增加黑麦草地上部分的 Zn 含量。EDDS 与 AES 之间差别不显著 [图 7-5（b）]。新型螯合剂 AES 对黑麦草地上部分 Cd 的增加作用显著，并且显著大于 EDTA 及 EDDS 的对 Cd 的促进作用 [图 7-5（d）]。

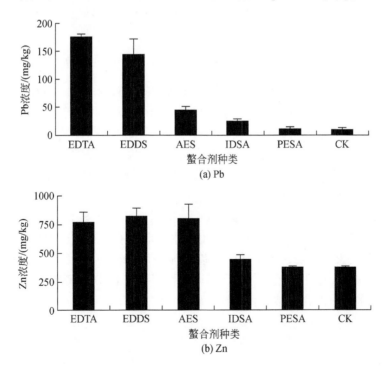

(a) Pb

(b) Zn

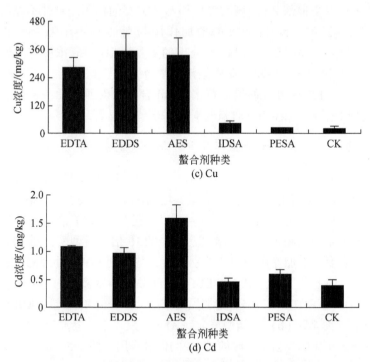

图 7-5 不同螯合剂对黑麦草地上部分重金属浓度影响

7. 螯合剂处理对黑麦草土壤水提取态重金属含量的影响

由表 7-7 可知，添加螯合剂后土壤中水提取态 Pb、Zn、Cu 和 Cd 的含量与对照相比均有所增加。AES 处理的土壤水提取态 Zn 含量与对照差异显著，对照中水提取态 Zn 含量仅为 2.4mg/kg，而用 AES 处理后水提取态含量达 51mg/kg，约为对照的 21 倍。IDSA 处理的土壤水提取态 Zn 含量约为对照的 4.6 倍。EDTA 处理的土壤水提取态 Zn 含量约为对照的 15 倍，与各螯合剂对玉米土壤水提取态 Zn 含量的影响结果一致。

AES、IDSA 处理的土壤水提取态 Cu 含量与对照差异显著，分别约为对照的 215 倍、259 倍；EDDS、EDTA 处理的土壤水提取态 Cu 含量与对照差异显著，分别约为对照的 385 倍、224 倍；EDTA 能够显著增加土壤中水提取态的 Pb 含量；IDSA 对 Cu 的增加作用比较显著，但其增加作用不及 EDDS。该结论与种植玉米土壤中重金属水提取态含量结论相一致。

表 7-7　螯合剂处理对黑麦草土壤水提取态 Pb、Zn、Cu 和 Cd 含量的影响

螯合剂	土壤中水提取态重金属含量/(mg/kg)			
	Pb	Zn	Cu	Cd
EDTA	15.9	36.9	44.8	0.4
EDDS	—	3.5	77	—
AES	2.6	51	43	0.4
IDSA	0.1	11.2	51.8	—
PESA	2.2	2.3	1.1	—
CK	—	2.4	0.2	—

8. 螯合剂处理对玉米地上部分重金属积累量的影响

螯合剂处理后，EDTA 处理的玉米地上部分 Pb 积累量显著大于其他螯合剂处理及对照的 Pb 积累量。新型螯合剂中只有浓度为 10mmol/kg 的 IDSA 处理的 Pb 含量与对照差异显著 [图 7-6（a）]。新型螯合剂 AES 浓度为 2.5mmol/kg 及 5mmol/kg 时对玉米地上部分 Zn 的积累量与对照差别显著，可以发现螯合剂浓度为 10mmol/kg 时，Zn 的积累量没有随螯合剂浓度增加而增加 [图 7-6（b）]，高浓度的螯合剂可能会对植物吸收重金属有一定的抑制作用。用螯合剂 IDSA 处理的玉米地上部分 Cu 积累量显著大于对照，螯合剂 EDDS 处理对玉米地上部分 Cu 积累的促进作用明显大于对照及其他螯合剂处理 [图 7-6（c）]。AES 对玉米地上部分 Cd 的积累量显著高于对照及其他螯合剂处理。与对照相比，新型螯合剂 IDSA 和 AES 在 10mmol/kg 水平下都显著促进了玉米地上部分 Cd 的积累 [图 7-6（d）]。

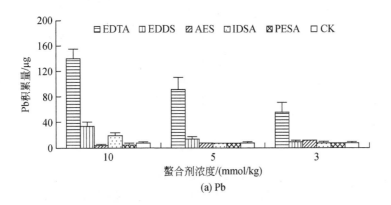

(a) Pb

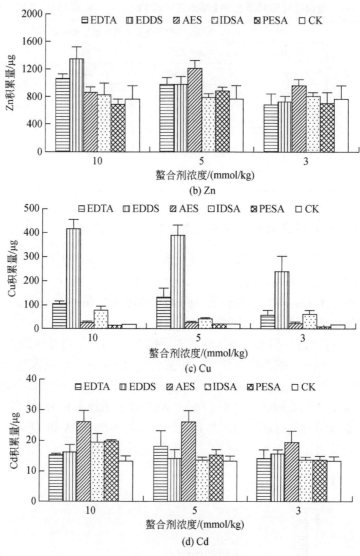

图 7-6　玉米地上部分重金属积累量

9. 螯合剂处理对黑麦草地上部重金属积累量的影响

由图 7-7 可以看出，与对照相比，AES、IDSA 处理均显著提高了黑麦草地上部分 Zn 的积累，积累量分别是对照的 2.4 倍、3 倍，但明显低于 EDTA、EDDS 处理，EDTA、EDDS 处理的黑麦草地上部分 Pb 积累量分别达到 33.8μg、20.2μg。分别为对照的 25 倍和 15 倍 [图 7-7（a）]，与玉米试验结果一致。

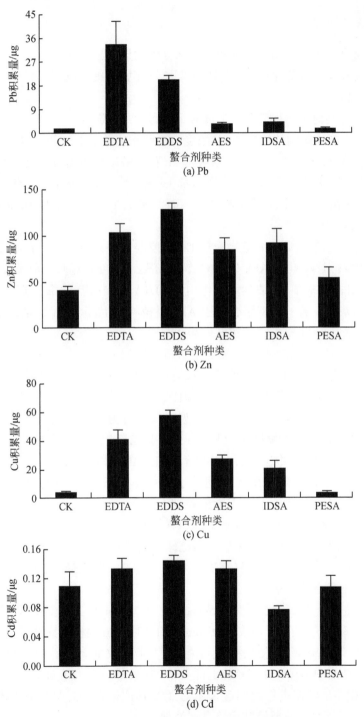

图 7-7　黑麦草地上部分重金属积累量

7.2.3 结论

（1）螯合剂处理对植物根部及地上部分生物量的影响

在不施螯合剂的条件下，植物正常生长，而施用螯合剂后，植物生长受到一定程度的抑制。

（2）螯合剂对植物根部及地上部分重金属含量的影响

新型螯合剂处理的植株根部 Pb 浓度与对照相比差别不显著，与 EDTA、EDDS 相比差异显著（$P<0.05$）。EDTA 对根部 Pb 积累的增加作用与对照相比差异显著。

新型螯合剂中，只有用浓度为 5mmol/kg 的 IDSA 和 10mmol/kg 的 AES 处理的植株根中 Cu 浓度与对照有显著差异，而与 EDTA（除浓度为 10mmol/kg 外）、EDDS 差异不显著。

用 EDTA、EDDS 处理的植物根部 Cd 浓度与对照差别显著，新型螯合剂中只有浓度为 10mmol/kg 时用 AES 处理的植物根部 Cd 浓度与对照差别显著。

EDDS 对植株根部 Zn 浓度增加作用与 EDTA 的作用差异并不显著。但它们与对照相比都差异显著。新型螯合剂中 AES 对植物地上部分 Zn 积累的增加作用与对照差别显著，而与 EDTA、EDDS 差异不显著。

（3）螯合剂对土壤水提取态重金属含量的影响

经新型螯合剂 IDSA、AES 处理的水提取态 Cu 含量与对照相比差异显著，新型螯合剂的增加作用显著小于 EDDS、EDTA 的增加作用。IDSA 与 EDTA 之间的差别不显著，这与螯合剂对土壤中重金属吸附解吸行为影响试验结果相一致，IDSA 处理后土壤中 Cu 解吸浓度高于除 EDDS 外的其他螯合剂处理的土壤 Cu 浓度。

AES、EDTA 与对照相比，能够显著增加土壤中水提取态 Zn、Cd 含量，而两者之间不存在显著差异。EDTA 处理的土壤水提取态 Pb 含量与对照相比差异显著，其余螯合剂处理的 Pb 含量与对照差别不显著。

（4）螯合剂对植物地上部分重金属积累量的影响

螯合剂处理后，只有 EDTA 处理的植株地上部分 Pb 积累量显著大于其他螯合剂处理及对照。新型螯合剂中只有浓度为 10mmol/kg 的 IDSA 处理的植株地上部分 Pb 积累量与对照差异显著。

当新型螯合剂 AES 的浓度为 2.5mmol/kg 及 5mmol/kg 时，植物根部 Zn 的积累量与对照差别显著，当螯合剂浓度为 10mmol/kg 时，Zn 的积累量没有随螯合剂浓度增加而增加，原因是高浓度的螯合剂可能会对植物吸收重金属有一定的抑制作用。

新型螯合剂中 IDSA 对玉米地上部分 Cu 积累量显著大于对照，螯合剂 EDDS 对土壤 Cu 积累量的促进作用明显大于对照及其他螯合剂。AES 对玉米地上部分 Cd 的积累量显著高于对照及其他螯合剂处理。

7.3　溶液培养条件下不同种类螯合剂对植物吸收重金属的影响

植物修复包括 3 个水平，首先重金属从根际土壤到达土壤溶液，然后由根吸收，最终向地上部分运输。螯合诱导植物修复技术中理想的螯合剂是能够对以上 3 个过程都起到促进增加作用。通过水培试验主要研究不考虑土壤中各种成分影响条件下，即第二个水平上不同螯合剂对玉米吸收重金属的影响。

7.3.1　研究方法

1. 实验材料

实验选取玉米为研究对象，使用 Hogland 营养液做适当修改后的营养液培养。Hogland 营养液中包括植物生长所需的常量元素和微量元素。前三周采用 1/10 强度的 Hogland 营养液培养，营养液两天换一次。三周后将玉米转入到适当修改的Hogland 营养液中培养，同时加入重金属和螯合剂。具体参照 Tandy 等（2006）在实验中所使用的营养液配方。

2. 实验设计

水培试验在人工气候室进行。选取籽粒饱满的玉米种子浸泡于 10% 的 H_2O_2 溶液中消毒 10min，用去离子水洗净后，将种子用水浸润在纱布上，使种粒半淹于水中，纱布遮盖，$20\sim25℃$ 催芽。将出芽后的种子移至洗净的珍珠岩中培苗，长至15cm 左右，选取生长一致的苗，用蒸馏水洗净后，固定于盛有 500ml 的 1/10 强度的 Hogland 完全营养液的 PVC 罐中通气培养，每罐固定 1 株，培养三周后加入为了消除 EDTA 对其他螯合剂的影响，对 Hogland 营养液成分做适当修改，以$FeSO_4 \cdot 7H_2O$ 取代 NaFe（Ⅲ）EDTA。同时为了防止 KH_2PO_4 与重金属形成沉淀，决定略去 KH_2PO_4。Pb、Cu、Zn、Cd 4 种重金属及浓度为 500μmol/L 的 4 种螯合剂（EDTA、EDDS、AES、IDSA）的添加量分别为 Pb 150μmol/L、Zn 150μmol/L、Cu 100μmol/L、Cd 20μmol/L，4 种螯合剂浓度均为 500μmol/L。积累 1 周后收获地上部分及根，用去离子水冲洗干净后，再用吸水纸将植物表面的水吸干，测定植物的根长，然后放入 65℃ 烘箱 24h 烘干，分别测得植物地上部分及根的干重。

3. 植物分析

将玉米地上部分及根剪碎后，称取 0.2g 植物样，加入 5ml 的硝酸在 120℃ 硝煮，硝煮完全后，定容过滤，用 ICP-OES 测定植物样中的金属含量。

7.3.2　结果与分析

1. 螯合剂处理对玉米地上部分干重的影响

添加 500μmol/L 的螯合剂后玉米地上部分及根部干重均大于对照（添加重金属而不添加螯合剂）的干重（图7-8）。在试验中观察到，不加螯合剂时，玉米出现中毒症状，而添加螯合剂后植物的中毒症状有所减缓。其原因并不清楚，有待进一步研究。4 种螯合剂在浓度为 500μmol/L 时，植物未表现中毒症状。这与 Vassil 等（1998）研究发现结果相一致，只有 EDTA 浓度大于 500μmol/L 时，印度芥菜才会出现中毒症状。

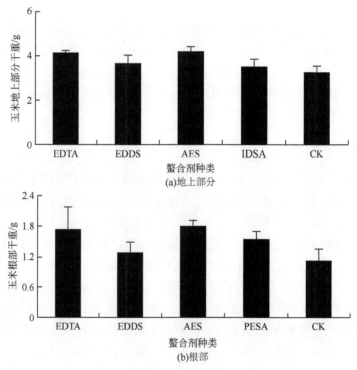

图7-8　螯合剂处理对玉米地上部分及根部干重影响

2. 螯合剂处理对玉米地上部分重金属含量的影响

与对照相比，除 IDSA（Pb、Cu、Cd）、AES（Zn）、EDDS（Cu）外，螯合剂处理对地上部分重金属浓度无明显影响，有的甚至表现出抑制作用［图7-9（a）］，其中，AES 处理的玉米地上部分 Zn 含量可以达到对照的两倍。而 AES、EDTA、

EDDS 处理的玉米地上部分 Pb 含量均小于对照。与 Tandy 等（2006）的研究结果相一致，Tandy 在研究 EDDS 对向日葵吸收溶液中重金属的影响时发现，在营养液中单独加入 Pb、Zn、Cu 3 种重金属，用螯合剂 EDDS 处理后，地上部分 Zn、Cu 含量大于对照含量，而 Pb 含量却小于对照。

3. 螯合剂处理对玉米根部重金属含量的影响

添加螯合剂后，玉米根部 Pb、Zn（不包括 AES 处理）、Cu、Cd（不包括 IDSA 处理）含量整体均低于对照（图 7-10）。这说明除 AES、IDSA 螯合剂外，其

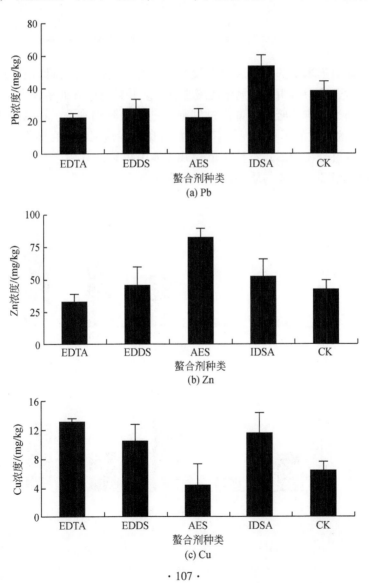

(a) Pb

(b) Zn

(c) Cu

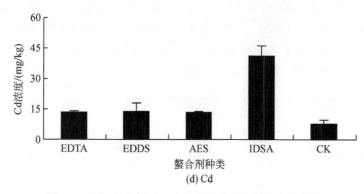

图 7-9   施加螯合剂对玉米地上部分重金属浓度的影响

余螯合剂可能对玉米根部重金属的吸收有一定的抑制作用。植株根部重金属含量减少可能与营养液中自由重金属浓度减少有关。并且与已知的植物根对 Zn、Cu 的吸收主要是通过共质体吸收，即经过细胞膜进入细胞相吻合。而 AES 和 IDSA 分别对 Zn、Cd 的吸收的影响出现了不一致的现象，在这两种螯合剂作用下重金属和螯合剂可能以螯合物的形式直接在植物共质体中积累，有待进一步研究螯合剂对重金属在植物根部共质体与质外体的分布的影响。

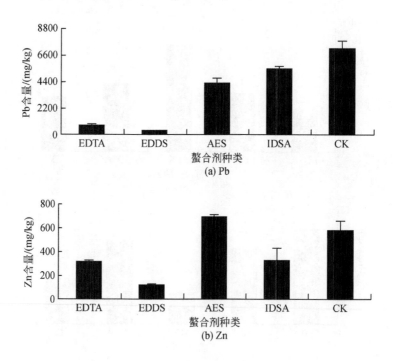

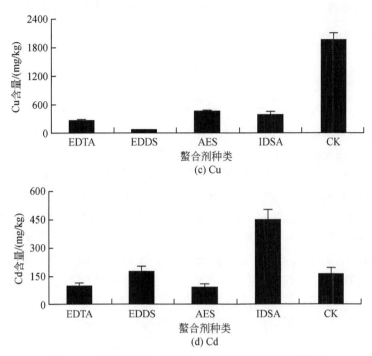

图 7-10   施加螯合剂对水培玉米根部重金属含量的影响

7.3.3   结论

1）与对照相比，AES 和 IDSA 对植物吸收 Zn、Cd 有明显促进作用，植株根部重金属含量整体水平呈明显下降趋势。

2）在植株地上部分，螯合剂对重金属含量的影响不如在根部明显，除某些螯合剂对个别元素有影响外，其他与对照差异并不显著。

3）添加螯合剂后，植株根部重金属含量减少。这可能与营养液中自由重金属浓度减少有关。AES 对 Zn、IDSA 对 Cd 的吸收，与以往研究的螯合剂出现的现象不一致，这可能是由于在这两种螯合剂作用下重金属和螯合剂以螯合物的形式在植物共质体中积累。还需要进一步研究螯合剂对重金属在植物根系质外体及共质体中的分布影响。

7.4   螯合剂对重金属在植物根系质外体与共质体的分布影响

重金属通过根表进入植物体有两种机制：细胞壁吸附及跨膜运输，即通过共质体或质外体两个途径。本实验的主要目的是比较研究新型螯合剂与 EDTA 及

EDDS 在植物吸收重金属及向地上部分转移过程中的促进作用的异同。

7.4.1 研究方法

1. 实验设计

植物培养方法与水培试验中培养方法相同，植物根系质外体与共质体中金属含量的区分主要参照 Reid 试验方法（Reid et al.，1996）。无毒培养三周，在营养液中加入重金属及螯合剂积累一周后分别收获玉米的地上部及根，用去离子水冲洗干净后，再用吸水纸将植物表面的水吸干，称得玉米根的鲜重后，将根放入盛有 300ml 浓度为 $5\mu mol/L$ 的 $CaCl_2$ 解吸液中解吸，共解吸 20min，每 5min 换一次新的解吸液，然后将所用的 1500ml 的解吸液收集，测定解吸液中重金属含量。20min 后，将玉米的根放入液氮中迅速冷冻，解冻 2min 后，将其继续放入 300ml 浓度为 $5\mu mol/L$ 的 $CaCl_2$ 解吸液中解吸，同样每 5min 更换一次解吸液，共解吸 40min。然后收集解吸液，测定重金属含量。植物质外体中重金属由两部分组成：第一部分为 20min 解吸液中的重金属，第二部分为根部经过冷冻、解冻及漂洗 3 个过程之后残留在植物根部的重金属，冷冻解冻后解吸液中的重金属为共质体中的重金属。

2. 植物根系质外体与共质体中金属含量的测定

从冷冻之前与冷冻之后的解吸液中分别取样，用 ICP-OES 测定解吸液中重金属的含量。解吸完成后将试验所用的玉米的根及地上部分用去离子水小心冲洗，在 70℃下烘干 72h，然后称重。烘干后的植物样用研钵研碎后，称取 0.2g 植物样用硝酸硝解。硝解出的溶液用 ICP-OES 测定重金属含量。

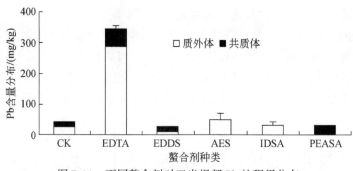

图 7-11　不同螯合剂对玉米根部 Pb 的积累分布

7.4.2 结果与分析

由图 7-11 可以看出，在新型螯合剂 AES、IDSA 作用下玉米根部 Pb 在质外体和共质体中的分布相当，与对照相比差异不显著。用 EDTA 处理的 Pb 在质外体中的含量远高于共质体中的含量。

由图 7-12 可以看出，AES、IDSA 可促进玉米共质体中 Zn 含量显著高于质外体中 Zn 含量。用 AES 处理的玉米共质体中 Zn 含量为 1011mg/kg，而质外体中 Zn 含量仅为 278.19mg/kg，用 IDSA 处理的玉米共质体中 Zn 含量为 919.13mg/kg，而质外体中 Zn 含量仅为 254.98mg/kg，且两个处理的共质体与质外体 Cu 含量之和远高于对照及其他 3 种处理，说明 AES、IDSA 处理后均促进了 Zn 向细胞内的跨膜运输。

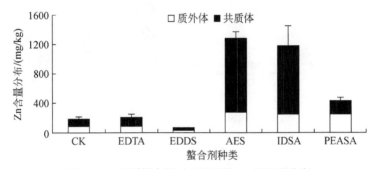

图 7-12　不同螯合剂对玉米根部 Zn 的积累分布

由图 7-13 可以看出，AES、IDSA 处理的玉米中，共质体中的 Cu 含量高于质外体中的 Cu 含量。AES 处理的玉米共质体中 Cu 含量为 743.69mg/kg，而质外体中 Cu 含量仅为 97.91mg/kg，IDSA 处理的玉米共质体中 Cu 含量为 498.60mg/kg，而质外体中 Cu 含量仅为 139.83mg/kg，且两个处理的共质体与质外体的 Cu 含量

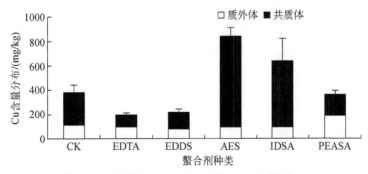

图 7-13　不同螯合剂对玉米根部 Cu 的积累分布

之和远高于对照及其他 3 种处理，说明新型螯合剂 AES、IDSA 处理同样促进了 Cu 向细胞内跨膜运输。

由图 7-14 可以看出，AES、IDSA 处理的玉米根部的共质体中 Cd 含量高于质外体中 Cd 含量。AES 处理的玉米共质体中 Cd 含量为 298.18mg/kg，而质外体中 Cd 含量为 190.26，IDSA 处理的玉米共质体中 Cd 含量为 204.26mg/kg，而质外体中 Cd 含量仅为 84.81，说明这两种螯合剂促进了 Cd 在根部的跨膜运输。AES 处理的 Cd 在共质体与质外体中的含量之和远高于对照及其他处理。PESA 处理的玉米根部 Cd 在共质体和质外体中含量相当。

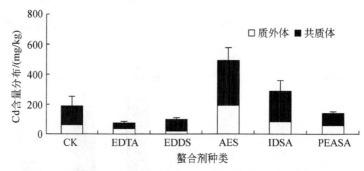

图 7-14　不同螯合剂对玉米根部 Cd 的积累分布

7.4.3　结论

AES、IDSA 处理的玉米根部质外体和共质体中 Zn、Cu、Cd 含量均高于对照和其他螯合剂处理，达到极显著水平（$P<0.001$），且共质体含量均远高于质外体含量，表明 AES、IDSA 均促进了 Zn、Cu、Cd 由根部质外体向细胞内的跨膜运输。这与水培试验结果相一致。

EDTA 处理的 Zn、Cu、Cd 含量在质外体和共质体中的分布无显著差异，含量低于对照或与之相当。EDTA 处理的玉米根部质外体 Pb 含量显著高于共质体中的 Pb 含量，且共质体和质外体中 Pb 总量显著高于对照和其他螯合剂处理，说明 EDTA 主要促进了 Pb 在植物根壁细胞中的积累。

第 8 章　螯合剂-AM 菌根联合诱导植物提取修复 Cd 等重金属污染土壤的效应

土壤重金属污染已成为全球普遍关注的环境热点问题之一。植物修复因其效果好、投资省、易于管理和操作、对环境友好等优点被公认为是生态友好型原位绿色修复技术。近年来，国内外对金属螯合剂在化学–植物联合修复和菌根菌在微生物–植物联合修复中的应用开展了大量的研究。螯合剂可以提高重金属的生物有效性，增加植物对重金属的吸收积累。但是，螯合剂和金属螯合物会抑制植物的生长，影响植物提取的效率。菌根可以促进植物生长，提高植物对重金属的耐性，但对能否促进重金属的解吸的研究结果不一致。若螯合剂和菌根组合应用，理论上应该可以发挥二者的优势，在螯合剂促进植物吸收重金属的同时，菌根可减缓螯合剂诱导生成的高活性重金属及金属螯合物对植物的伤害，大大提高植物提取效率。通过温室盆栽试验对 4 种螯合剂 EDTA、EDDS、AES、IDSA 及菌根，以及菌根和螯合剂联合在促进植物吸收重金属效率方面进行了研究。

8.1　螯合剂和菌根对土壤中重金属解吸行为影响

螯合剂诱导植物提取是利用螯合剂对重金属离子的解吸作用，提高重金属离子的生物有效性，促进植物吸收重金属，通过收获植物来去除土壤中重金属。然而，植物收获后，螯合剂仍然滞留在土壤中，螯合剂的存在会继续促进重金属的解吸，过量的螯合剂和重金属离子可能会随着雨水或径流淋溶到土壤深层，造成地下水污染。大量研究证实，EDTA 不具有生物可降解性，在环境中存留时间长，易造成二次污染。EDDS 和新型螯合剂 AES、IDSA 具有生物可降解性，对环境的风险小，但证明这一分析的试验研究较少。

本实验旨在研究植物收割后，不同螯合剂处理土壤中水提取态的重金属含量随时间的变化，可以对确定螯合剂在土壤中的残留时间的长短提供借鉴。

8.1.1　研究方法

1. 实验材料

供试土壤采自北京市昌平区农田，实验用玉米（*Zea mays*）品种为鲁单981，丛枝菌根（arbuscular mycorrhiza，AM）菌种由北京市林业科学研究院提供，经玉米扩繁后，用含有侵染菌根和菌丝的根际土壤作为菌根接种剂。螯合剂 EDDS 购于西格玛奥德里奇（上海）贸易有限公司。土壤理化性质的测定参照鲁如坤（2000）的方法（表8-1）。

表8-1　供试土壤基本理化性质

样品	pH	有机质/%	重金属含量/（mg/kg）			
			Pb	Zn	Cu	Cd
土壤	7.95	1.38	13.05	96.16	24.19	3.17

2. 实验设计

土壤自然风干后，过1mm筛，在120℃高温灭菌锅中灭菌2h，杀死土壤中的真菌孢子，待灭菌土壤自然风干后，一次性添加 Pb、Cu、Cd、Zn 4 种重金属：2000mg/kgPb（$PbCl_2$）、350mg/kgCu（$CuSO_4 \cdot 5H_2O$）、10mg/kgCd（$CdCl_2 \cdot 2.5H_2O$）、1500mg/kgZn（$ZnSO_4 \cdot 7H_2O$），并以磷酸二氢钾（KH_2PO_4）、尿素$[CO(NH_2)_2]$形式一次性施入基肥（氮100mg/kg、磷80mg/kg、钾100mg/kg）。实验中所添加的螯合剂浓度为5mmol/kg。

实验共 10 个处理，分别记为 CK（未添加螯合剂和菌土）、AM（只添加菌土）、EDTA（只添加螯合剂 EDTA）、EDDS（只添加螯合剂 EDDS）、AES（只添加螯合剂 AES）、IDSA（只添加螯合剂 IDSA）、EDTA- AM（同时添加 EDTA 和 AM）、EDDS- AM（同时添加 EDDS 和 AM）、AES- AM（同时添加 AES 和 AM）和 IDSA- AM（同时添加 IDSA 和 AM），每个处理设置 4 个重复，随机分组排列。其中，添加菌根的处理组接种量为15%，每盆装土500g，接种 AM 的处理组为灭菌后的污染土和菌土混合，未接种处理组为灭菌后污染土和灭菌后菌土混合，保持田间持水量的80%左右，在温室中平衡两周。

选取籽粒饱满的玉米种子用10%的 H_2O_2 溶液消毒10min，用去离子水洗净后，将种子放于铺有湿润滤纸的培养皿中，将培养皿放在恒温培养箱中（25℃左右），放置 2 天左右播种，待种子萌发后间苗，每箱留 3 株，生长期间每隔 1 天以称重法加去离子水使土壤保持田间持水量的 80% 左右。待幼苗生长 30 天后，将EDTA、EDDS、AES 和 IDSA 分别配成溶液并一次性均匀淋溶在土壤表面，对照组加去离子水。

3. 数据统计分析

添加螯合剂7天后，开始取土，每隔7天取一次土（7天，14天，21天，28天），土样自然风干，过 100 目筛，取 4g 土壤样品用 20ml 去离子水（土：水 = 1：5）溶解，在室温下振荡 2h，离心过滤，测定上清液中重金属含量（廖敏和黄昌勇，2002）。实验所得数据用 SPSS 17.0 和 Microsoft Excel 2003 软件进行统计检验分析，各处理之间的差异显著性采用 5% 水平下的 Duncan 多重比较检验方法进行分析。

8.1.2　结果与分析

如图 8-1 所示，在添加螯合剂第 7 天后，将 EDTA、EDDS、AES 和 IDSA 处理组土壤中水溶性 Cd 含量与对照比较，前者土壤中水溶性的 Cd 含量显著大于后者（$P<0.05$），含量分别是对照的 33.5 倍、3.3 倍、126.5 倍和 38 倍。

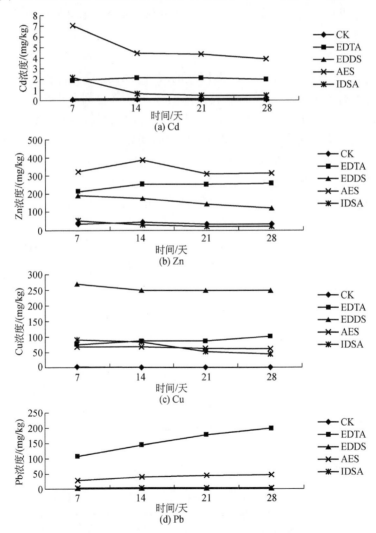

图 8-1　不同螯合剂处理土壤中水溶性的重金属含量随时间的变化

在添加螯合剂第 7 天后, 将 EDTA、EDDS、AES 和 IDSA 处理组土壤中水溶性 Zn 含量与对照比较, 前者土壤中水溶性的 Zn 含量显著大于后者 ($P<0.05$), 含量分别是对照的 6.2 倍、5.6 倍、9.4 倍和 1.5 倍。

在添加螯合剂第 7 天后, 将 EDTA、EDDS、AES 和 IDSA 处理组土壤中水溶性 Cu 含量与对照比较, 前者土壤中水溶性的 Cu 含量显著大于后者 ($P<0.05$), 含量分别是对照的 45 倍、162 倍、40 倍和 53.6 倍。

在添加螯合剂第 7 天后, 将 EDTA、EDDS、AES 和 IDSA 处理组土壤中水溶性 Pb 含量与对照比较, 前者土壤中水溶性的 Pb 含量显著大于后者 ($P<0.05$), 含量分别是对照的 158.6 倍、3.9 倍、42.2 倍和 5.3 倍。

由以上结果可以看出, AES 对 Zn 和 Cd 的作用最大, EDDS 对土壤中 Cu 的解吸作用最强, EDTA 对 Pb 的效果最明显。

从螯合剂处理与对照处理土壤中水溶性 Cd、Zn、Cu 和 Pb 含量的比较可以发现, 螯合剂促进了重金属离子与土壤固相的解吸, 增加了土壤中重金属的生物有效性。螯合剂对土壤中重金属的解吸作用的强弱与螯合剂和重金属的种类有关, 新型螯合剂 AES 对 Cd、Zn、Cu 和 Pb 的解吸能力均强于新型螯合剂 IDSA。

对照处理土壤中水溶性 Cd 含量没有随着时间发生显著的变化; EDTA 处理组土壤中水溶性重金属含量呈上升趋势; EDDS、AES 和 IDSA 处理组土壤中水溶性重金属含量呈下降趋势, 表明土壤中游离的重金属离子可能重新与土壤固相结合。随着螯合剂被降解, 螯合剂对重金属的解吸作用减弱, 且重金属离子与土壤固相结合的速度大于剩余螯合剂对重金属离子的解吸速度。

如图 8-2 所示, 添加螯合剂 7 天后, 将接种 AM 菌根的处理与对照相比, 土壤中水溶性 Cd 含量显著小于对照 ($P<0.05$), 对照组比 AM 处理组增加了 188.2%。接种 AM 菌根处理土壤中水溶性 Pb 含量小于对照, 但差异不显著。AM 菌根减弱了 Cd、Pb 的生物有效性, 减少了植物受毒害的程度。

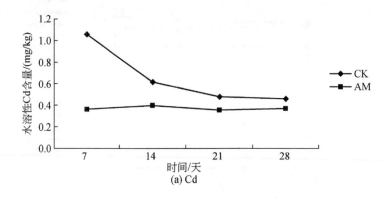

(a) Cd

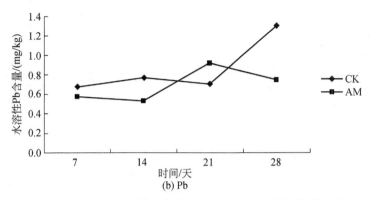

图 8-2　AM 处理组土壤中水溶性的 Cd、Pb 含量随时间的变化

对照组土壤中水溶性 Cd 含量随着时间的变化先呈下降趋势，而后趋于稳定。待植物收割后，土壤中水溶性 Cd 含量较初始会下降。AM 处理组土壤中水溶性 Cd 随时间没有明显的变化，且一直小于对照土壤中水溶性 Cd 含量。AM 处理组和对照组土壤中水溶性的 Pb 随时间没有表现出有规律的变化，这可能是由环境因素引起的，但 AM 处理组土壤中水溶性的 Pb 含量总体上仍小于对照组，AM 菌根降低了 Cd 和 Pb 对植物的毒害作用。

由图 8-3 可知，接种 AM 菌根的处理组和对照组土壤中水溶性 Zn 含量随着时间的变化没有显著性差异。接种 AM 菌根处理土壤中水溶性 Cu 含量与对照相比，除第 7 天土壤样品外，两个处理组随着时间变化土壤中水溶性 Cu 含量没有显著性差异，原因可能为 Cu 和 Zn 是植物必需的微量元素，菌根能够促进植物对 Cu 和 Zn 的吸收。

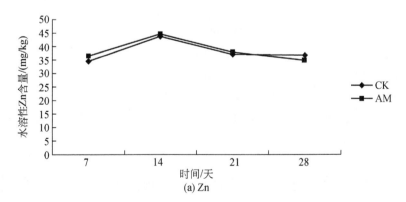

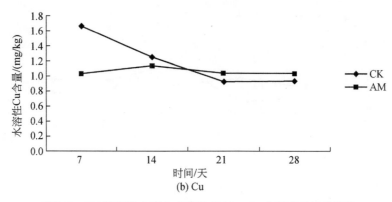

图 8-3　AM 处理组土壤中水溶性的 Zn、Cu 含量随时间的变化

8.1.3　结论

AM 主要通过促进植物生长来达到强化植物提取的目的，增强植物的抗逆性，随着时间的变化，对重金属的解吸作用没有明显的变化。EDTA 对重金属的解吸作用持续时间较长，植物收割后，土壤中重金属浓度仍呈上升趋势。EDDS、AES 和 IDSA 处理随着时间的变化，土壤中重金属浓度逐渐下降直至稳定状态。该结果与两类螯合剂的特性吻合，EDTA 为非生物可降解螯合剂，在土壤中可持续存在，因此对重金属的解吸作用持续时间也长。正是这样的非降解特性，更容易引起淋溶等二次污染。而可降解的 EDDS、AES 和 IDSA 则可随着时间逐渐被降解消失，对环境的二次污染相对较小。

与对照相比，EDTA、EDDS、AES 和 IDSA 均显著增强了土壤中 Cd、Zn、Cu 和 Pb 的生物有效性，螯合剂对 4 种重金属的解吸能力与螯合剂和重金属种类有关，新型螯合剂 AES 对 4 种重金属的增溶作用强于 IDSA，AES 对 Cd 和 Zn 的作用最大，EDDS 对 Cu 的作用最大，EDTA 对 Pb 的作用最大。

新型螯合剂 AES 和 IDSA 均有生物可降解性，且对 Cd、Zn 有很好的增溶作用，表现出了良好的应用前景，但实际应用时还应该综合考虑污染土壤本身的性质、污染重金属的种类和植物的种类等因素，综合考虑相关方面以期达到最好的效果。

8.2　AM 菌根对根际和非根际土壤重金属化学形态的影响

根际土壤是受植物根系活动影响的部分土壤，是一种微生态系统。根际土壤环境影响着重金属在土壤–植物系统中的迁移转化，重金属在土壤中的形态与其迁移转化和生物有效性有着密切的关系。陈有鑑（2003）等用根垫法研究了小麦根际土壤中 Cu 和 Zn 形态的变化后发现，根际土壤中交换态 Cu 的含量显著增加，碳酸盐结合态 Cu 含量有所下降。Shuman（1988）研究了水稻对土壤中重金属形态的影响，结果表明耐重金属水稻通过将土壤中交换态 Zn 转化为氧化态 Zn 而降低了 Zn 的毒性。关于根际土壤重金属形态的变化已有很多研究，但是关于菌根对根际重金属形态的变化的影响研究却很少。

菌根与植物交互作用形成菌根际，菌根际是由真菌、植物和土壤组成的微生态系统，了解菌根对根际土壤中重金属形态的影响，对发展重金属污染修复技术有着重要的意义。本书采用三室根箱盆栽和 BCR 连续形态分析技术，研究玉米菌根根际 Cu、Zn、Pb 和 Cd 的形态变化，了解菌根对重金属在土壤中存在形态的影响。

8.2.1　研究方法

1. 实验材料

供试土壤、菌种和螯合剂参照 8.1.1。

2. 实验设计

土壤样品的处理详见 8.1.1。

试验采用三室根箱，装置宽为 8cm，长、高为 10cm，中室宽为 2cm，两个边室宽 3cm，中室和边室用 30μm 孔径的尼龙网相隔，把根系限制在中室生长（图 8-4）。边室土量为 250g，中室土量为 200g，将 30g 接种剂和 170 g 灭菌后的土壤混合装入中室，菌种接种率为 15%，对照处理加入相应数量的经灭菌处理的接种剂。土壤含水量保持在田间持水量的 80% 左右，在温室中平衡两周。

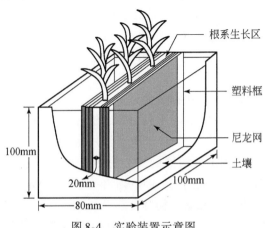

图 8-4　实验装置示意图

实验共 10 个处理，分别记为 CK（未添加螯合剂和菌土）、AM（只添加菌土）、EDTA（只添加螯合剂 EDTA）、EDDS（只添加螯合剂 EDDS）、AES（只添加螯合剂 AES）、IDSA（只添加螯合剂 IDSA）、EDTA-AM（同时添加 EDTA 和 AM）、EDDS-AM（同时添加 EDDS 和 AM）、AES-AM（同时添加 AES 和 AM）和 IDSA-AM（同时添加 IDSA 和 AM），每个处理设置 4 个重复，随机区组排列。

选取籽粒饱满的玉米种子用 10% 的 H_2O_2 溶液消毒 10min，用去离子水洗净后，将种子放于铺有湿润滤纸的培养皿中，将培养皿放在 25℃ 左右培养箱 2 天左右，将发芽的种子播种于根箱的中室，待种子萌发后间苗，每箱留两株，生长期间每隔 1 天以称重法加去离子水使土壤保持田间持水量的 80% 左右。待幼苗生长 50 天后进行螯合剂处理，EDTA、EDDS、AES 和 IDSA 分别配成溶液一次性均匀淋溶在土壤表面。

3. 土壤分析

螯合剂处理 15 天后，沿植株基部用剪刀切取，区分为玉米地上部分和根部，分别进行相应分析。根箱内的土壤分为两部分处理，中室土和边室中距离尼龙网 5 mm 以内的土作为根际土，边室中剩余土壤作为非根际土，将两部分土自然风干后过 100 目筛待用。

4. 重金属化学形态分析方法

采用改进的 BCR 三步法（Rauret et al.，1999）分析土壤中不同形态的 Pb、Cu、Zn 和 Cd，具体方法如下。

（1）酸可提取态：水溶态、可交换态和碳酸盐结合态

土壤样品风干后过 100 目筛，称取 1g 土壤样品于 100ml 离心管中，加入 40ml 0.11mol/kg 的 CH_3COOH 溶液，在室温下振荡 16h，然后在 3000r/min 下离心 20min，上清液用定量滤纸过滤至塑料瓶中，置于 4℃ 冰箱保存待测。在已倒出上清液的离心管中加入 20ml 去离子水，用手振荡使土粒悬浮，在振荡器振荡 15min，在 3000r/min 下离心 20min，弃去上清液。

（2）可还原态：Fe-Mn 氧化物结合态

向（1）中的残渣中加入 40ml 0.5mol/kg 的 $NH_2OH-HCl$ 溶液，在室温下振荡 16h，然后在 3000r/min 下离心 20min，上清液用定量滤纸过滤至塑料瓶中，置于 4℃ 冰箱保存待测。在已倒出上清液的离心管中加入 20ml 去离子水，用手振荡使土粒悬浮，在振荡器振荡 15min，在 3000r/min 下离心 20min，弃去上清液。

（3）可氧化态：有机物和硫化物结合态

向（2）中的残渣中加入 8.8mol/kg 的 H_2O_2，边加边搅拌，离心管加盖后室

温反应 1h，间隙用手轻轻振荡。然后在（85±2）℃水浴中加热消解 1h，打开盖子继续消解，直至离心管中 H_2O_2 挥发减少至 1～2ml。再向离心管中加入 10ml 8.8mol/kg 的 H_2O_2 溶液，合上盖子在（85±2）℃水浴中加热消解 1h，打开盖子继续消解，直至离心管中 H_2O_2 挥发到 1ml。向离心管中加入 50ml 1mol/kg 的 CH_3COONH_4 溶液，在室温下振荡 16h，然后在 3000r/min 下离心 20min，上清液用定量滤纸过滤至塑料瓶中，置于 4℃冰箱保存待测。在已倒出上清液的离心管中加入 20ml 去离子水，用手振荡使土粒悬浮，在振荡器振荡 15min，在 3000r/min 下离心 20min，弃去上清液。

（4）残渣态

将（3）中含有土壤的离心管放在烘箱中烘干，取出离心管中土壤过 100 目筛，然后用王水–高氯酸消煮土样，煮至土样灰白，冷却，用超纯水定容，然后过滤，滤液放置 4℃冰箱保存待测。

用电感耦合等离子体发射光谱仪测定上述方法得到的上清液中的 4 种重金属含量。数据用 SPSS 17.0 和 Microsoft Excel 2003 软件进行统计检验分析，5%水平下 Duncan 多重比较检验各处理平均值之间的差异显著性。

8.2.2　结果与分析

在研究菌根能够提高宿主植物对重金属抗性的影响机理时，有些研究认为菌根菌丝过滤了过量重金属，有些研究认为菌根侵染的根系改变了土壤中重金属的形态，影响了重金属的生物有效性。对未接种 AM 菌根和接种菌根的玉米根际和非根际土壤中的重金属形态进行分析比较发现，菌根根际和非菌根根际相对非根际重金属的形态发生了变化。

以根际土壤中重金属的不同形态相对于非根际土壤中重金属形态的增加百分率为相对改变量，其中 Cd 的相对变化由于受仪器的限制而没有检测出来。图 8-5 显示了 Zn、Cu 和 Pb 在菌根根际土壤和非菌根根际土壤中重金属形态的不同变化情况。

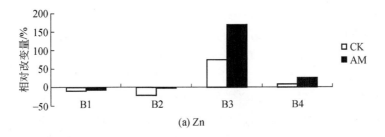

(a) Zn

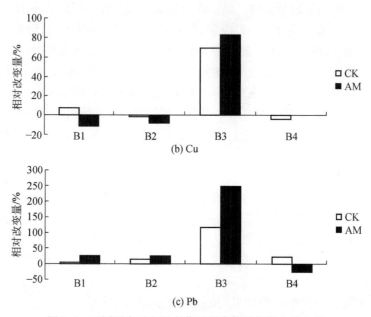

图 8-5　不同形态重金属在菌根和非菌根根际中的含量

B1：水溶态、可交换态与碳酸盐结合态；B2：Fe-Mn 氧化物结合态；B3：有机物和硫化物结合态；B4：残渣态

在菌根根际土壤与非菌根根际土壤中，菌根根际相对于非根际 Zn 的 Fe-Mn 氧化物结合态的减少量显著小于非菌根根际相对于非根际土壤的相对减少量（$P<$0.05），表明与非菌根根际比较，菌根根际中 Zn 的 Fe-Mn 氧化态显著增加。菌根根际中 Zn 的有机物结合态显著高于非菌根根际（$P<0.05$），菌根根际中的 Fe-Mn 氧化态和有机物结合态呈现增加的趋势，降低了 Zn 的生物有效性，减少了过量重金属对植物的毒害。单一接种 AM 的处理组玉米根部 Zn 含量显著大于对照，虽然接种 AM 菌根降低了 Zn 的生物有效性，但 AM 菌根促进了植物的生长，植物吸收的 Zn 总量仍会大于非菌根，这可能与 Zn 是植物必需的微量元素有关。

菌根根际相对于非根际土壤中 Cu 的酸可提取态减少，非菌根根际相对于非根际土壤中 Cu 的酸可提取态增加，表明菌根根际中酸可提取态的 Cu 小于非菌根根际。菌根根际中 Cu 的有机物结合态大于非菌根根际，菌根根际中 Cu 的生物有效性小于非菌根根际，菌根降低了重金属 Cu 的生物可利用性，缓解了过量重金属对植物的副作用。单一接种 AM 菌根处理组玉米根部的 Cu 含量与对照没有显著性差异，这种情况可能与 Cu 是植物必需的微量元素有关。

菌根根际土壤中 Pb 的酸可提取态大于非菌根根际，Pb 的 Fe-Mn 有机物结合态和有机结合态大于非根际根际，但菌根根际中的 Pb 由松结合态向紧结合态转移的趋势较大，这使得菌根根际中 Pb 的有效性下降，从而降低了重金属对植物的毒害。

8.2.3　结论

在本次试验条件下，接种 AM 菌根改变了根际土壤中重金属的形态，菌根的存在使重金属的形态由松结合态向紧结合态转移，降低了重金属的生物有效性，降低了过量重金属对宿主植物的毒害。但是，可能由于菌根对植物的生长有促进作用，并没有减少植物对必需微量元素 Cu 和 Zn 的吸收，而是提高了植物对重金属的吸收效率。接种 AM 菌根的植物积累的重金属含量大于非菌根，AM 菌根增强了植物提取重金属的效果。

8.3　螯合剂和菌根对玉米吸收重金属的影响

螯合剂能够促进重金属从土壤固相解吸，增加重金属离子的生物有效性，促进植物对重金属元素的吸收，然而目前以 EDTA 为主的螯合剂不能被生物所降解，在环境中存留时间较长，对环境易造成二次污染，因此寻找新型可降解螯合剂显得尤为必要。螯合剂 EDDS 因其具有生物可降解性和对环境友好等特点，使得螯合剂辅助植物修复技术的推广和应用有了新的希望，螯合剂对重金属离子具有选择性，EDDS 对 Cu 和 Zn 的作用强于 EDTA，但 EDTA 对 Pb 和 Cd 的作用强于 EDDS。最近新合成的螯合剂 IDSA 和 AES，同样具有生物可降解性和对重金属有很好的亲和力，研究其在螯合剂诱导植物提取方面的效率有很大的意义。

螯合剂的施用会对植物的生长产生抑制作用，而 AM 菌根却可以促进植物的生长，增强植物的抗逆性，将两者结合可以取长补短，发挥两者的积极作用，增强植物提取的效果。通过土培实验，比较研究 EDTA、EDDS、AES、IDSA 和 AM 菌根对土壤中重金属的解吸作用，阐明新型螯合剂在修复重金属污染土壤方面的潜力，以及 AM 和螯合剂联合能否达到理论上的强化效果。

8.3.1　研究方法

1. 实验材料与设计

供试土壤、菌种、螯合剂及实验设计参照 8.1.1。

2. 植物分析

螯合剂处理 15 天后收获，用剪刀沿植株基部切取，分为根部和地上部分。将根系用去离子水洗干净后，每个处理的每个重复挑选 20 个 1cm 左右长的鲜根，用墨水醋方法测定菌根侵染率（杨亚宁等，2010），菌根侵染率的计算公式如下：

$$菌根侵染率 = (被侵染的根段数/总根段数) \times 100\% \qquad (8\text{-}1)$$

剩余根部和地上部分用去离子水洗净后 80 ℃下烘干并称干重，烘干后的样品研碎后用 HNO_3 微波硝煮，用电感耦合等离子体发射光谱仪测定重金属含量。

3. 数据统计分析

数据用 SPSS 17.0 和 Microsoft Excel 2003 软件进行统计检验分析，各处理之间的差异显著性，通过 5% 水平下 Duncan 多重比较检验方法进行了分析。

8.3.2 结果与分析

1. 不同处理对菌根侵染率的影响

如图 8-6 所示，对照组无菌根侵染，而接种 AM 组都有较高的侵染率，表明 AM 菌根在重金属环境中可以正常的生长，对土壤重金属的毒害具有一定的耐性。这样 AM 菌根才有发挥作用的可能。与单一接种 AM 的对照相比，复合施加螯合剂 EDTA（AM-EDTA）和 AES（AM-AES）的处理组菌根侵染率明显降低（$P < 0.05$），而复合施加 EDDS（AM-EDDS）和 IDSA（AM-IDSA）的处理组无显著性变化，这可能与不同种类螯合剂和菌根之间存在不同程度的相互作用有关。

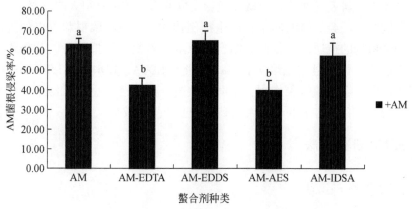

图 8-6　接种 AM 处理组间菌根侵染率的比较

注：不同字母表示差异显著，$P < 0.05$

2. 不同处理对玉米地上部分生物量的影响

如图 8-7 所示，与对照相比，添加螯合剂对植物的生长有一定的抑制，植物地上部分的生物量都有所下降。其中，添加 EDDS 和 IDSA 的处理组与对照相比差异显著（$P<0.05$），有明显的中毒症状，主要表现为部分叶片萎蔫。可能是螯合剂促进了重金属的解吸，提高了土壤中重金属的生物有效性，从而促进了植物对重金属的吸收，过量的重金属对植物生长产生了抑制甚至毒害作用。

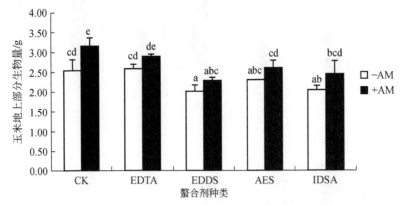

图 8-7 不同处理对玉米地上部分生物量的影响

注：不同字母表示差异显著，$P<0.05$

与对照相比，单独接种菌根 AM 的处理组玉米地上部分的生物量显著增加（$P<0.05$），增加到 3.16g，增加了 24%。复合添加螯合剂和接种菌根的处理的玉米地上部分生物量高于单独添加螯合剂的处理但是差异不显著。

3. 不同处理对玉米地上部分和根部重金属含量的影响

如图 8-8 所示，对于玉米地上部分，对照组与单独接种菌根 AM 的处理组玉米地上部分 Cd 含量分别为 2.11mg/kg、17.42mg/kg，后者比前者增加了 194.3%，达到显著性差异水平（$P<0.05$）。与对照相比，单独添加螯合剂的处理组，除 EDDS 处理外，EDTA、AES 和 IDSA 处理均显著增加了玉米地上部分 Cd 的含量（$P<0.05$），3 种处理后的玉米地上部分 Cd 的含量分别是对照的 3.6 倍、6.2 倍和 6.3 倍。接种 AM 菌根和螯合剂的添加促进了玉米地上部分对 Cd 的吸收。

复合添加 EDDS 和菌根的处理较单独施加 EDDS 的处理相比，玉米地上部分 Cd 的含量差异显著（$P<0.05$），复合处理是单独处理的 6.4 倍。复合添加 EDDS 和菌根的处理比单独接种 AM 处理的玉米地上部分 Cd 含量也明显增加，增加了 120.7%。复合添加 IDSA 和菌根的处理与单纯添加 IDSA 的处理和单独接种 AM 的处理相比也得到类似的结果，表明复合添加螯合剂和接种 AM 与单一接种 AM 或者单一添加螯合剂相比，玉米地上部分对 Cd 的吸收积累效率明显提高。

对玉米根部，与对照相比，单一接种 AM 的处理组玉米根部 Cd 含量达到

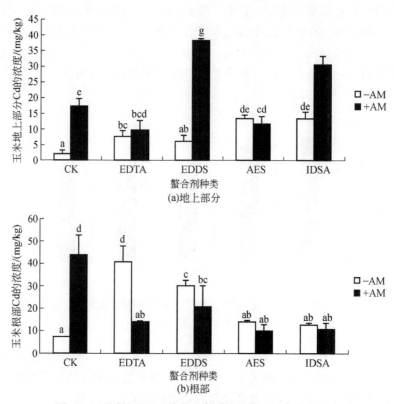

图 8-8　不同处理对玉米地上部分和根部 Cd 浓度的影响

注：不同字母表示差异显著，$P < 0.05$

43.88mg/kg，是对照的 5.9 倍（$P < 0.05$）。单一添加 EDTA、EDDS 的处理组的玉米根部 Cd 的含量分别为 40.89mg/kg 和 30.22mg/kg，与对照相比差异显著（$P < 0.05$），分别是对照的 5.5 倍、4 倍，说明接种 AM 菌根和螯合剂的添加促进了玉米根部对 Cd 的吸收。

与对照相比，单一接种 AM 处理的玉米根部和地上部分的 Cd 含量均显著大于对照（$P < 0.05$）；EDTA 与 AM-EDTA 比较，玉米根部 Cd 含量前者显著大于后者（$P < 0.05$），而地上部分 Cd 的含量两者没有显著差异；EDDS 和 AM-EDDS 比较，玉米根部 Cd 的含量前者大于后者，但玉米地上部分 Cd 的含量后者显著大于前者；IDSA 和 AM-IDSA 比较，玉米根部 Cd 含量前者和后者没有显著性差异，但后者玉米地上部分 Cd 含量显著大于前者，这些表明接种 AM 菌根促进了 Cd 由根部向地上部分的转移。

如图 8-9 所示，对于玉米地上部分，与对照相比，单独接种 AM 的处理玉米地上部分 Zn 含量没有显著性差异。单独添加螯合剂的处理组，除 EDTA 外，EDDS、

AES 和 IDSA 处理玉米地上部分 Zn 含量较对照都有显著的增加（$P<0.05$），Zn 含量分别比对照增加了 49.7%，159.1% 和 53.4%，螯合剂促进了植物地上部分对 Zn 的吸收，且 AES 影响最大。

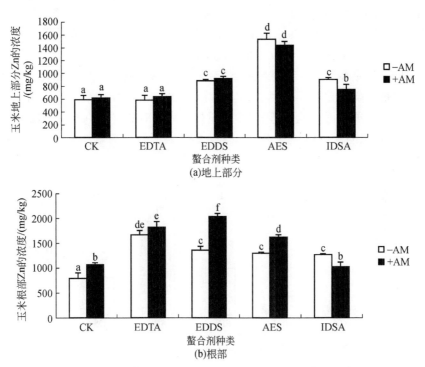

图 8-9 不同处理对玉米地上部分和根部 Zn 浓度的影响

注：不同字母表示差异显著，$P<0.05$

复合添加螯合剂和 AM 的处理与单一添加螯合剂的处理组相比，除 AM-IDSA 较 IDSA 玉米地上部分 Zn 含量显著降低外（$P<0.05$），其他组处理没有显著性差异。复合添加螯合剂和 AM 的处理与单一接种 AM 处理相比，除 AM-EDTA 外，AM-EDDS、AM-AES 和 AM-IDSA 处理玉米地上部分 Zn 含量都显著高于单一 AM 处理（$P<0.05$），Zn 含量分别增加了 49.4%、134.1% 和 21.8%。螯合剂和 AM 的复合添加增强了单一接种 AM 对玉米地上部分吸收 Zn 的效果。

对玉米根部，与对照相比，单独接种 AM 处理的玉米根部的 Zn 含量显著大于后者（$P<0.05$），比对照增加了 34.9%。单独添加 EDTA、EDDS、AES 和 IDSA 的处理与对照相比，前者显著大于后者（$P<0.05$），Zn 含量分别比对照增加了 110%、73.3%、63.8% 和 60%。说明接种 AM 菌根和添加螯合剂都促进了玉米根部对 Zn 的吸收。

AM-EDDS 处理与 EDDS 处理相比，前者玉米根部 Zn 含量显著大于后者（$P<$

0.05），前者比后者增加了 48.6%。AM- AES 处理与 AES 处理相比，前者玉米根部 Zn 含量显著大于后者（$P<0.05$），前者比后者增加了 24.6%。复合添加螯合剂和 AM 的处理与单一接种 AM 处理相比，除 AM&IDSA 与 AM 无显著性差异外，AM-EDTA、AM-EDDS 和 AM-AES 与 AM 差异显著（$P<0.05$），前者分别比后者增加了 70%、90.9% 和 51.3%。以上表明复合添加螯合剂菌根 AM 增强了单一添加 AM 或者螯合剂对玉米根部吸收积累 Zn 的效果。

　　如图 8-10 所示，对玉米地上部分，单独接种 AM 处理与对照相比，玉米地上部分 Cu 含量升高但差异不显著性。与对照相比，除 EDTA 外，单独添加 EDDS、AES 和 IDSA 处理组玉米地上部分 Cu 含量显著大于对照（$P<0.05$），地上部分 Cu 含量分别是对照的 9.4 倍、21.8 倍和 7.7 倍，表明螯合剂增加了玉米地上部分对 Cu 的吸收。

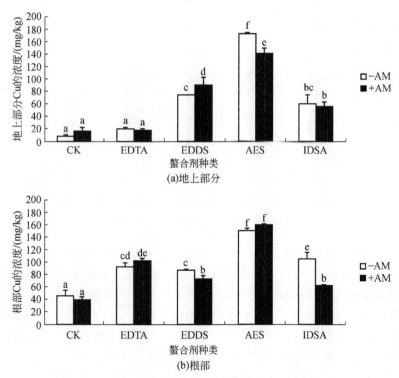

图 8-10　不同处理对玉米地上部分和根部 Cu 浓度的影响

注：不同字母表示差异显著，$P<0.05$

　　复合添加螯合剂和菌根 AM 处理与单独添加 AM 处理比较，除 AM&EDTA 外，AM-EDDS、AM-AES 和 AM-IDSA 处理玉米地上部分 Cu 含量前者显著大于后者（$P<0.05$），前者分别是后者的 5.4 倍、8.4 倍和 3.3 倍。复合添加螯合剂和 AM

增强了单一接种 AM 玉米地上部分对 Cu 的吸收。

对玉米根部，与对照相比，单独接种 AM 处理玉米根部 Cu 含量与对照没有显著性差异。单独添加 EDTA、EDDS、AES 和 IDSA 的处理玉米根部 Cu 含量与对照相比有显著性差异（$P < 0.05$），前者分别比对照增加了 102.3%、91.3%、229.1% 和 131%，表明螯合剂增加了玉米根部对 Cu 的吸收。

复合添加螯合剂和 AM 处理与单独接种 AM 处理比较，前者玉米根部 Cu 含显著大于后者（$P<0.05$），分别是后者的 2.6 倍、1.8 倍、4 倍和 1.6 倍。说明复合添加螯合剂和 AM 促进了单一接种 AM 对玉米根部吸收 Cu 的效果。

如图 8-11 所示，对于玉米地上部分，与对照相比，单独接种 AM 处理玉米地上部分 Pb 含量与对照没有显著性差异。单独添加 EDTA、EDDS、AES 和 IDSA 处理组玉米地上部分 Pb 含量显著大于对照（$P<0.05$），分别是对照的 3.4 倍、9.1 倍、8.6 倍和 8.1 倍。表明螯合剂促进了玉米地上部分对 Pb 的吸收。

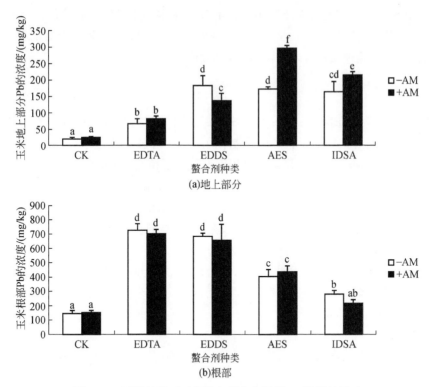

图 8-11　不同处理对玉米地上部分和根部 Pb 浓度的影响

注：不同字母表示差异显著，$P<0.05$

复合添加螯合剂和 AM 处理与单一接种 AM 处理比较，前者玉米地上部分 Pb 含量显著大于后者（$P<0.05$），分别是后者的 3.3 倍、5.5 倍、11.9 倍和

8.7 倍。AM-AES 处理较 AES 处理，前者玉米地上部分 Pb 含量显著大于后者（$P<0.05$），前者比后者增加了 71.5%。AM-IDSA 处理较 IDSA 处理，前者玉米地上部分 Pb 含量显著大于后者（$P<0.05$），前者比后者增加了 32.0%。AM-EDTA 处理组玉米地上部分 Pb 含量大于 EDTA 处理组，但差异不显著。上述说明，复合添加螯合剂和菌根增强了单一接种 AM 或单一添加螯合剂玉米地上部分对 Pb 的吸收效果。

对于玉米根部，与对照相比，单独接种 AM 处理组与对照没有显著性差异。单独添加 EDTA、EDDS、AES 和 IDSA 处理组玉米根部分 Pb 含量都显著大于对照组（$P<0.05$），前者是后者的 5 倍、4.7 倍、2.8 倍和 1.9 倍。这表明螯合剂促进了玉米根部对 Pb 的吸收。

复合添加螯合剂和 AM 处理组与单独接种 AM 处理组相比，AM-IDSA 处理组与单一接种 AM 处理组玉米根部 Pb 含量没有显著性差异，AM-EDTA、AM-EDDS 和 AM-AES 与单独接种 AM 处理相比，前者玉米根部 Pb 含量显著大于后者（$P<0.05$），前者分别是后者的 4.5 倍、4.2 倍和 2.8 倍。以上表明复合添加螯合剂和 AM 增强了单一接种 AM 玉米根部对 Pb 的吸收效果。

8.3.3　结论

螯合剂 EDTA、EDDS、AES 和 IDSA 促进了植物对重金属的吸收，但是螯合剂及重金属螯合物对植物的生长产生抑制作用。AM 菌根可以促进植物的生长，增强植物对重金属环境的抗性，并且一定程度上促进了植物对 Cd 和 Zn 的吸收。

相对单一接种 AM 菌根或者添加螯合剂，复合添加螯合剂和接种 AM 菌根可提高玉米对重金属的吸收积累量，但并未带来玉米地上部分生物量的减少，表明 AM 菌根的存在抵消了过量的重金属以及螯合剂对植物的伤害，两者联合强化了单一应用 AM 或螯合剂诱导植物提取的效果。

螯合剂 IDSA 处理显著促进了玉米地上部分对 Cd 的积累；AES 处理显著提高了玉米地上部分对 Zn 的积累与第 7 章研究结果一致，表明 IDSA 对土壤 Cd、AES 对 Zn 具有更好的活化作用。

8.4　螯合剂和菌根对玉米生理生态的影响

螯合剂可以促使重金属从土壤固相中解吸出来，提高重金属的迁移性和生物有效性。土壤中可被植物利用的重金属越多，说明植物生长受到的胁迫越大。植物在逆境胁迫或衰老过程中会发生一系列生理变化，细胞内活性氧代谢平衡被破坏而导致活性氧的积累，进而会引发或加剧膜脂过氧化作用，造成细胞膜系统的损伤, 严重的会导致植物细胞死亡。对于活性氧的产生, 植物有酶促和非酶促两种防御系统, 超氧化物歧化酶、过氧化氢酶、过氧化物酶和抗坏血酸过氧化物酶等是酶促防御系统的重要保护酶, 抗坏血酸和还原型谷胱甘肽等是非酶促防御系统的重要抗氧化剂。

MDA 是细胞膜脂过氧化作用的产物之一, 它的产生会加剧膜的损伤, MDA 产生的数量可以代表膜脂过氧化的程度, 从而间接反映植物遭受逆境胁迫的程度。MDA 越多, 植物遭受胁迫程度越大。

植物在逆境胁迫时会导致体内活性氧的积累, 超氧化物歧化酶是活性氧消除过程中第一个发挥作用的抗氧化酶, 它能够将超氧物阴离子自由基歧化为过氧化氢 (H_2O_2) 和分子氧, 然后 H_2O_2 在过氧化氢酶和抗坏血酸过氧化物酶等作用下转化成水和分子氧。SOD 对于清除氧自由基, 保护细胞免受损伤。SOD 活性越高, 植物抗逆性越强。

植物在逆境胁迫或衰老时, 活性氧代谢加强导致 H_2O_2 的积累, H_2O_2 直接或间接的氧化细胞内核酸和蛋白质等生物大分子, 损害细胞, 加速细胞的衰老。过氧化氢酶和抗坏血酸过氧化物酶可以清除 H_2O_2, 它们的活性与植物抗逆性密切相关。CAT 和 APX 的活性越高, 植物抗逆性越强。

8.4.1　研究方法

1. 实验材料与设计

供试土壤、菌种、螯合剂及实验设计参照 8.1.1。

2. 植物分析

处理 7 天后, 剪取新鲜植物叶片 1g 和 0.5g, 分别加入药品研磨, 测定 MDA 浓度, SOD、CAT 和 APX 活性。

3. MDA、CAT、APX 和 SOD 的测定方法

MDA 测定方法详见 3.1.1, CAT、APX 的测定方法详见 3.2.1, SOD 的测定方法详见 6.1.3。

8.4.2　结果和讨论

1. 不同处理对玉米叶片中丙二醛的影响

由图 8-12 可知, 与对照相比, 单独接种 AM 的处理组玉米叶片中 MDA 浓度显著小于对照 ($P<0.05$), 对照组玉米叶片中 MDA 浓度比接种 AM 处理组增加了

139%，MDA 是细胞膜脂过氧化作用的产物之一，MDA 的浓度代表膜脂过氧化的程度，反映了植物遭受逆境胁迫的程度。由此可见，接种 AM 真菌缓解了重金属对玉米的毒害，增强了玉米的抗逆性。

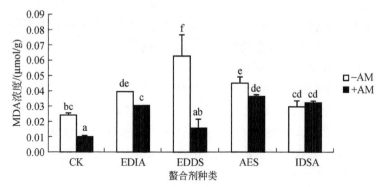

图 8-12　不同处理对玉米叶片中 MDA 含量的影响

注：不同字母表示差异显著，$P<0.05$

与对照相比，单独添加 EDTA、EDDS 和 AES 处理组，玉米叶片中 MDA 的浓度显著高于对照（$P<0.05$），分别比对照增加了 65.3%、163.2% 和 87.4%，IDSA 处理组玉米叶片中的 MDA 浓度高于对照，但差异不显著，由于螯合剂的添加增加了土壤中重金属的移动性和生物有效性，使得玉米地上部分重金属含量增加，过量的重金属和重金属螯合物会对玉米产生毒害，因而单独添加螯合剂的玉米中 MDA 含量较对照高，受毒害严重。

复合添加螯合剂和 AM 菌根的处理组与单独添加螯合剂的处理组比较，前者玉米叶片中 MDA 浓度低于后者，其中 AM-EDTA 和 EDTA、AM-EDDS 和 EDDS 两组差异显著（$P<0.05$），EDTA 处理的玉米叶片 MDA 含量比 AM-EDTA 处理增加 3.30%，EDDS 处理比 AM-EDDS 处理增加 305.8%。这些说明复合添加螯合剂和 AM 菌根的效果强于单独添加螯合剂，螯合剂增加植物吸收重金属的同时，AM 缓解了过量重金属对玉米的毒害，增强了植物提取的效率。

2. 不同处理对玉米叶片中 SOD、CAT、APX 活性的影响

由图 8-13 可知，与对照相比，单一接种 AM 的处理组玉米叶片中 SOD 活性显著高于对照（$P<0.05$），前者比后者增加了 57.2%。植物在逆境胁迫时会导致体内活性氧的积累，SOD 对于清除氧自由基，保护细胞免受损伤有重要的作用。这表明接种 AM 增强了重金属环境对玉米生长的胁迫，提高了玉米的抗性。

单独添加螯合剂的处理组与对照比较，EDDS 和 IDSA 处理玉米叶片中的 SOD 活性显著增加（$P<0.05$），EDTA 和 AES 与对照相比没有显著性差异。SOD 活性

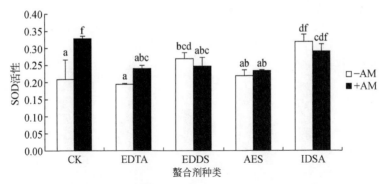

图 8-13　不同处理对玉米叶片中 SOD 活性的影响

注：不同字母表示差异显著，$P<0.05$

会随着重金属浓度的升高而增加，当增加到一定程度后，随着重金属浓度的升高 SOD 活性会下降，这可能是因为此时产生的自由基浓度大大超过了 SOD 的清除能力。

复合添加螯合剂和 AM 菌根的处理组与单独添加螯合剂的处理组比较，两者没有显著性差异，但是前者玉米地上部分重金属含量比后者要大，这说明 AM 菌根的存在消除了超量重金属所带来的副作用，增强了玉米的抗性。

由图 8-14 可知，与对照相比，单独接种 AM 的处理组玉米叶片中 CAT 活性没有显著性差异，而接种 AM 的处理玉米地上部分重金属含量高于对照，这说明 AM 菌根对增强 CAT 活性起到了积极的作用。植物在逆境胁迫或衰老时，活性氧代谢加强使 H_2O_2 积累，H_2O_2 会直接或间接地氧化细胞内核酸和蛋白质等生物大分子，损害细胞，加速细胞的衰老。CAT 可以清除 H_2O_2，CAT 活性与植物抗逆性密切相关。所以，接种 AM 菌根提高了玉米的抗逆性。

单独添加 EDTA、EDDS、AES 和 IDSA 的处理与对照相比，玉米叶片中 CAT 活性均有不同程度降低（$P<0.05$），对照组 CAT 活性分别比螯合剂处理增加了 105.9%、32.4%、201.2% 和 45.9%。可能是螯合剂促进了土壤中重金属的解吸，增加了重金属离子的生物有效性，促进了植物对重金属的吸收，对植物的生长造成毒害。

复合添加螯合剂和 AM 菌根的处理与单独添加螯合剂的处理比较，AM-AES 较之 AES、AM-IDSA 较 IDSA，前者玉米叶片中 CAT 活性均显著提高（$P<0.05$），分别增加了 166.6% 和 61.4%。AM-EDTA 处理组玉米叶片中的 CAT 活性大于 EDTA 处理组，但差异不显著。螯合剂和菌根的复合应用加强了单独添加螯合剂的效果，增强了玉米对重金属的抗性。

如图 8-15 所示，单独接种 AM 真菌的处理组玉米叶片中 APX 活性较对照显著

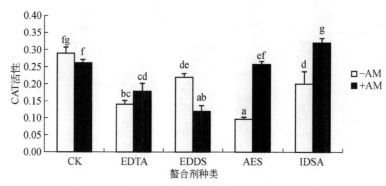

图 8-14　不同处理对玉米叶片中 CAT 活性的影响
注：不同字母表示差异显著，$P<0.05$

增加（$P<0.05$），APX 活性是对照的 4.3 倍。APX 的作用与 CAT 类似，消除植物在逆境或衰老过程中产生的 H_2O_2，增强植物对逆境的抗性。接种 AM 处理玉米叶片中 APX 活性和对照的显著性差异表明 AM 菌根增强了玉米的抗逆性，对玉米的生长产生了积极的作用。

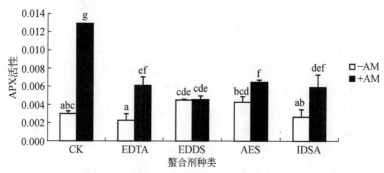

图 8-15　不同处理对玉米叶片中 APX 活性的影响
注：不同字母表示差异显著，$P<0.05$

　　单独添加螯合剂的处理组与对照相比，EDDS 和 AES 处理玉米叶片中 APX 活性显著高于对照（$P<0.05$），EDTA 和 IDSA 与对照无显著性差异。APX 的活性与 SOD 活性的变化趋势相同，当重金属浓度低时，随着重金属浓度的增加 APX 活性增大，当达到上限值后，APX 活性随着重金属浓度的增加而降低，这可能与 APX 消除 H_2O_2 的能力有关。

　　复合添加螯合剂和 AM 菌根的处理组与单独添加螯合剂的处理组相比，除 AM-EDDS 和 EDDS 无显著性差异外，AM-EDTA、AM-AES、AM-IDSA 处理 APX 活性都分别显著高于 EDTA、AES 和 IDSA，分别提高了 165.2%、51.2% 和

118.5%，复合添加螯合剂和 AM 菌根增强了单独添加螯合剂诱导植物提取的效率，增强了玉米的抗性，促进了玉米的生长。

8.4.3　结论

在正常条件下，植物自身能够消除体内的活性氧自由基，保护体内细胞。但是在重金属胁迫环境下，植物体内自由基的产生超出了植物自身的清除能力，使得植物遭到破坏。植物体内的 SOD、APX 和 CAT 保护酶系统可以消除自由基，从而保护植物细胞膜系统。

螯合剂的添加促进了玉米对重金属的吸收，导致 MDA 含量升高，表示过量重金属对玉米的毒害增强。

接种 AM 菌根提高了玉米叶片中 SOD、CAT 和 APX 的活性，增强了玉米对过量重金属环境的抗性。

复合添加螯合剂和 AM 菌根增强了单一添加螯合剂的效果，螯合剂促进植物吸收重金属，然而过量的重金属会对植物的生长产生抑制作用，影响螯合剂诱导植物提取的效果，AM 真菌的存在增强了植物的抗逆性，促进了植物在逆境中的生长，强化了植物提取的效率。

第 9 章　Cd 等重金属污染农用地安全利用评价研究

农用地重金属的超标不仅会危害人体健康，还会威胁生态系统安全。传统的农用地重金属超标评价多从单一的土壤或者农作物可食部分进行研究，鲜有将两者结合起来的报道。由于 Cd 等重金属在土壤–植物系统的迁移转化的影响因素的复杂性，单一角度入手的评价方法不能全面地反映农用地重金属 Cd 等的危害程度，综合考虑土壤和农作物可食部分更具有实际意义。本书在单一的土壤和农作物可食部分重金属 Cd 等超标评价的基础上，探讨出一种将两者结合起来的农用地重金属污染安全利用评价方法，评价结果以安全利用等级和评价等级图表征。

9.1　重金属超标农用地的安全利用评价方法研究

9.1.1　评价标准

我国现行的《土壤环境质量标准》（GB 15618—1995）已无法满足当前土壤环境保护与质量安全管理的需求，环保部对该标准进行了修订并形成了《农用地土壤环境质量标准》（三次征求意见稿）和《建设用地土壤污染风险筛选指导值》（三次征求意见稿），修订后的标准在污染物种类及标准限值的确定上都有一定程度改进和完善。因此，本书对于农用地土壤重金属超标评价，综合参考了现行的《土壤环境质量标准》（GB 15618—1995）和新修订的《农用地土壤环境质量标准》（三次征求意见稿），同时对于果园、茶园等有相应标准的，参考其相关标准。总体而言，在综合分析我国现有相关标准规范的基础上，对农用地土壤重金属超标评价，水田、水浇地、旱地、其他园地、草地和林地的限量标准值参考《土壤环境质量标准》（GB 15618—1995）《农用地土壤环境质量标准》（三次征求意见稿），果园的限量标准值参考《食用农产品产地环境质量评价标准》（HJ/T 332—2006），茶园的限量标准值参考《茶叶产地环境技术条件》（NY/T 853—2004），具体标准见表 9-1。

对于农作物可食部分重金属超标评价，参考国家标准《食品安全国家标准食品中污染物限量》（GB 2762—2012），具体标准值见表 9-2。

表 9-1　农用地土壤重金属限量标准值　　（单位：mg/kg）

元素	地类	pH			
		≤5.5	>(5.5~6.5)	>(6.5~7.5)	>7.5
镉	水田	0.3	0.4	0.5	1
	旱地、水浇地、草地、其他园地	0.3	0.4	0.5	0.6
	果园	0.3	0.3	0.3	0.6
	茶园	0.3	0.3	0.4	0.4
	林地	7			
汞	水田、旱地、水浇地、果园、草地、其他园地	0.3	0.3	0.5	1
	茶园	0.3	0.3	0.5	0.5
	林地	5			
砷	水田	30	30	25	20
	旱地、水浇地、果园、草地、其他园地	40	40	30	25
	茶园	40	40	30	30
	林地	40			
铅	林地	500			
	其他	80	120	160	200
铬	水田	250	250	300	350
	旱地、水浇地、果园、草地、其他园地	150	150	200	250
	茶园	150	150	200	200
	林地	400			
铜	水田、旱地、水浇地、草地、茶园、其他园地	50	50	100	100
	果园	150	150	200	200
	林地	400			
锌	林地	500			
	其他	200	200	250	300
镍	林地	200			
	其他	40	40	50	60

表 9-2　农作物可食部分中重金属限量标准值　　（单位：mg/kg）

项目	农作物种类	限量标准值
镉	水稻、叶菜蔬菜、芹菜、豆类	0.2
	小麦、玉米、豆类蔬菜、块根和块茎蔬菜、茎类蔬菜（芹菜除外）	0.1

续表

项目	农作物种类	限量标准值
镉	新鲜蔬菜（叶菜蔬菜、豆类蔬菜、块根和块茎蔬菜、茎类蔬菜除外）、水果	0.05
	籽类、花生	0.5
汞	水稻、小麦、玉米	0.02
	蔬菜	0.01
砷	小麦、玉米、蔬菜	0.5
	水稻	0.2（以无机砷计）
铅	茶叶	5
	芸薹类蔬菜、叶菜蔬菜	0.3
	水稻、小麦、豆类蔬菜、薯类、豆类、籽类	0.2
	新鲜蔬菜（芸薹类蔬菜、叶菜蔬菜、豆类蔬菜、薯类除外）、水果	0.1
铬	水稻、小麦、玉米、大豆	1
	新鲜蔬菜	0.5

9.1.2　评价方法

土壤重金属超标程度作为土壤环境健康质量恶化的重要标志之一，受到国内外学者的普遍关注。当前的土壤重金属超标评价多以《土壤环境质量标准》（GB 15618—1995）为评价依据，评价方法多采用指数或者模型法，农作物可食部分超标评价也主要以《食品安全国家标准 食品中污染物限量》（GB 2762—2012）为评价依据，评价方法与土壤类似。但很多情况下，土壤与农作物可食部分重金属超标评价结果并不统一。如土壤重金属为未超标或轻微超标，但农作物可食部分中重金属却严重超标，或土壤土壤重金属中重度超标而农作物可食部分却是轻微超标甚至不超标，结果可能导致评价结果不能很好地反映当地的实际情况，因而不能采取有效的防控措施。本研究针对农用地将土壤和农作物结合起来进行综合评价，从而为农用地的安全利用提供技术支持。农用地安全利用评价是在农用地土壤重金属超标评价和农作物可食部分重金属限量超标评价的基础上进行的综合评价。

目前，常用的土壤重金属超标评价方法主要包括：单因子污染指数法、内梅罗综合污染指数法、模糊综合评价法、层次分析法、地累积指数法、污染负荷指数法、潜在生态危害指数法等。其中，单因子污染指数法简单易操作。内梅罗综合指数法的算法可降低人为主观因素的影响，强调主导因子的影响作用，但在求均值过程中弱化或强化一些人为因素的作用。模糊综合评价法和层次分析法考虑了土壤环境质量的模糊性及各污染因素的权重，评价比较科学，但权重的确定对评价结果影响太大，如果权重不合理容易造成评价结果偏差较大。地累积指数法不仅考虑了沉积成岩作用等自然地质过程造成的背景值的影响，同时充分注意了人为活动对重金属的影响，但该方法只能给出各采样点某种重金属的超标指数，无法对元素间或区域间环境质量进行比较分析。污染负荷指数法不仅考虑到单因子、多因子综合污染，而且还考虑了大区域综合污染，但该方法没有考虑不同污染物源所引起的背景差异。潜在生态危害指数法引入毒性响应系数，将重金属的环境生态效应与毒理学联系起来，使评价更侧重于毒理方面，对其潜在的生态危害进行评价，不仅可以为环境的改善提供依据，还能够为人们的健康生活提供科学参照，但运用到土壤重金属超标评价时其毒性响应系数还需修正，目前并不成熟。评价中首先需要了解各种重金属单项超标情况和农用地重金属综合超标情况，其次考虑到这些方法的优缺点以及土壤环境质量评价技术规范采用的单因子污染指数法，最后农用地土壤重金属超标评价和农作物可食部分重金属限量超标评价均选用单因子污染指数法进行评价。

农用地土壤重金属超标评价公式为

$$P_i = \frac{C_i}{S_i} \tag{9-1}$$

式中，P_i 为土壤中第 i 种重金属的超标指数；C_i 为土壤中第 i 种重金属的含量；S_i 为土壤中第 i 种重金属的评价标准值。

对某一点位，土壤若存在多种重金属，分别采用单因子指数法计算，取超标指数中最大的值，即

$$P_{max} = MAX(P_i) \tag{9-2}$$

式中，P_{max} 为土壤中多种重金属的超标指数；P_i 为土壤中第 i 种重金属的超标指数。

农用地土壤重金属超标指数对应的超标程度见表9-3。

表9-3　农用地土壤重金属超标指数对应的超标程度

超标等级	P_i	P_{max}	超标程度
I	$P_i \leqslant 1$	$P_{max} \leqslant 1$	未超标
II	$1 < P_i \leqslant 2$	$1 < P_{max} \leqslant 2$	轻微超标
III	$2 < P_i \leqslant 3$	$2 < P_{max} \leqslant 3$	轻度超标
IV	$3 < P_i \leqslant 5$	$3 < P_{max} \leqslant 5$	中度超标
V	$P_i > 5$	$P_{max} > 5$	重度超标

农作物可食部分重金属限量超标评价公式为

$$E_i = \frac{CC_i}{CS_i} \tag{9-3}$$

式中，E_i 为农作物可食部分中第 i 种重金属的超标指数；CC_i 为农作物可食部分中第 i 种重金属含量；CS_i 为农作物可食部分中第 i 种重金属的评价标准值。

对某一点位，农作物可食部分若存在多种重金属，分别采用单因子指数法计算，取超标指数中最大的值，即

$$E_{max} = MAX(E_i) \tag{9-4}$$

式中，E_{max} 为农作物可食部分中多种重金属的超标指数；E_i 为农作物可食部分中第 i 种重金属的超标指数。

农作物可食部分重金属超标指数对应的超标程度见表9-4。

表9-4　农作物可食部分重金属超标指数对应的超标程度

超标等级	E_i	E_{max} 值	超标程度
I	$E_i \leqslant 1$	$E_{max} \leqslant 1$	未超标
II	$1 < E_i \leqslant 2$	$1 < E_{max} \leqslant 2$	轻微超标
III	$2 < E_i \leqslant 3$	$2 < E_{max} \leqslant 3$	轻度超标
IV	$3 < E_i \leqslant 5$	$3 < E_{max} \leqslant 5$	中度超标
V	$E_i > 5$	$E_{max} > 5$	重度超标

重金属超标农用地安全利用评价采用土壤和农作物可食部分单因子指数结合法，结合土壤重金属超标指数最大值（P_{max}）和农作物可食部分重金属限量超标评价指数最大值（E_{max}）进行综合评价，并划分为无风险、轻微风险、低风险、中风险和高风险 5 个安全等级，具体划分依据见表9-5。

表9-5　重金属超标农用地安全利用等级

安全利用等级	划分依据	农用地安全利用水平
I	$P_{max} \leqslant 1$ 且 $E_{max} \leqslant 1$	无风险
II	$P_{max} \leqslant 1$ 且 $1 < E_{max} \leqslant 2$	轻微风险
	$1 < P_{max} \leqslant 2$ 且 $E_{max} \leqslant 1$	
III	$P_{max} \leqslant 1$ 且 $2 < E_{max} \leqslant 3$	低风险
	$1 < P_{max} \leqslant 2$ 且 $1 < E_{max} \leqslant 2$	
	$2 < P_{max} \leqslant 3$ 且 $E_{max} \leqslant 1$	

续表

安全利用等级	划分依据	农用地安全利用水平
IV	$P_{max}<1$ 且 $3<E_{max}\leqslant5$	中风险
	$1<P_{max}\leqslant2$ 且 $2<E_{max}\leqslant3$	
	$2<P_{max}\leqslant3$ 且 $1<E_{max}\leqslant2$	
	$3<P_{max}\leqslant5$ 且 $E_{max}\leqslant1$	
V	P_{max} 任意，$E_{max}>5$	高风险
	$1<P_{max}\leqslant2$ 且 $E_{max}>3$	
	$2<P_{max}\leqslant3$ 且 $E_{max}>2$	
	$3<P_{max}\leqslant5$ 且 $E_{max}>1$	
	$P_{max}>5$，E_{max} 任意	

9.2 评价方法应用

9.2.1 研究区概况

研究区位于长江三角洲经济开发区，交通便利，农用地面积为 900 多万平方公里，占土地总面积的 46.5%。农用地主要包括水田、水浇地、旱地、茶园、果园、林地、草地等。研究区工业比较发达，工矿企业产生的众多固体废弃物和排放的大量废水废气，导致了重金属在土壤中的积累，土壤受到污染。

9.2.2 样品的采集与测定

1. 样品的采集

采样布点时应同时考虑土地利用类型、土壤类型及区位因素，保证点位分布于不同污染程度，以及各镇的各种土地、土壤类型中。土壤采样深度为 0~20cm，采样过程中，用 GPS 精确定位，采样方法为五点采样法，采样过程中尽量避开外来土和新近扰动过的土层，并去掉表面杂物和土壤中的砾石等。采样后采用四分法去掉多余的土样，保留 1kg 左右土样即可，装入聚乙烯自封袋中存储运输。采集的样品带回实验室后自然风干，拣出石块等杂物，之后装瓶备用。采集的农作物样品为水稻，水稻样品与土壤样品一一对应进行采集，采集方法也为五点采样法，选取五株水稻混合，采集的水稻类型主要为粳稻。

2. 样品的测定

处理好的样品送往专业机构进行检测。土壤中的镉和铅采用石墨炉原子吸收法测定，汞、砷采用还原气化–原子荧光光谱法测定，铬采用电感耦合高频等离子体发射光谱法测定，铜、锌、镍采用火焰原子吸收分光光度法测定。水稻籽实测定的都为重金属全量，其中镉采用石墨炉原子吸收法测定，汞、砷采用原子荧光光谱法测定，铅、铬采用电感耦合高频等离子体发射光谱法测定。pH 采用电位法测定。

9.2.3 安全利用评价

1. 农用地土壤重金属超标评价

对土壤中各种重金属单因子评价后进行多种重金属的综合评价，并统计各种因子超标程度所占的比例，结果见表 9-6。根据土壤点位的评价结果进行 IDW 插值后的多种土壤重金属综合超标情况空间分布见图 9-1。

表 9-6 农用地土壤重金属超标评价结果统计 （单位：%）

重金属	未超标	轻微超标	轻度超标	中度超标	重度超标	超标率
Cd	71.11	8.89	2.22	8.89	8.89	28.89
Hg	93.33	6.67	0.00	0.00	0.00	6.67
As	100.00	0.00	0.00	0.00	0.00	0.00
Pb	100.00	0.00	0.00	0.00	0.00	0.00
Cr	100.00	0.00	0.00	0.00	0.00	0.00
Ni	68.89	31.11	0.00	0.00	0.00	31.11
Cu	100.00	0.00	0.00	0.00	0.00	0.00
Zn	100.00	0.00	0.00	0.00	0.00	0.00
P_{max}	44.44	35.56	2.22	8.89	8.89	55.56

从表 9-6 可以看出，土壤中 Cd、Hg 和 Ni 都超标，且超标率为 Ni>Cd>Hg，但 Ni 均是轻微超标，Cd 的中度和重度超标都达到 8.89%，超标较为严重。土壤中的 As、Pb、Cr、Cu 和 Zn 均为超标。

综合超标程度 P_{max} 的超标率达到了 55.56%，其中轻微超标、轻度超标、中度超标和重度超标的分别为 35.56%、2.22%、8.89% 和 8.89%，超标程度较大。

从图 9-1 可以看出，超标严重区域主要集中在东南地区和中部偏西北的一小

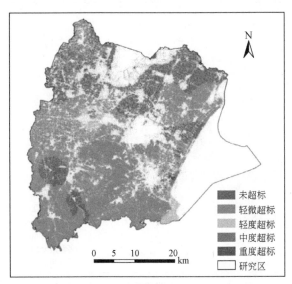

图9-1 土壤重金属综合超标情况空间分布

片区域。轻微超标所占的区域最多，分布在中南部大片区域。北部地区超标程度最低，基本都未超标。

2. 农作物可食部分重金属限量超标评价

水稻为该区大宗农作物之一，因此选取水稻进行农作物的评价。对水稻中各种重金属单因子评价后进行多种重金属的综合评价，并统计各种因子超标程度所占的比例，结果见表9-7。根据水稻点位的评价结果进行 IDW 插值后的多种土壤重金属综合超标情况的空间分布见图9-2。

表9-7 水稻重金属超标评价结果统计 （单位:%）

重金属	未超标	轻微超标	轻度超标	中度超标	重度超标	超标率
Cd	68.89	11.11	6.67	6.67	6.67	31.11
Hg	100.00	0.00	0.00	0.00	0.00	0.00
As	100.00	0.00	0.00	0.00	0.00	0.00
Pb	46.67	48.89	4.44	0.00	0.00	53.33
Cr	97.78	0.00	2.22	0.00	0.00	2.22
E_{max}	26.67	48.89	11.11	6.67	6.67	73.33

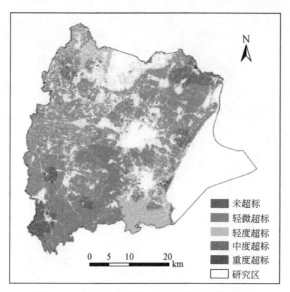

图 9-2 水稻重金属综合超标情况空间分布

从表9-7可以看出，水稻中Cd、Pb和Cr都超标，超标率分别为31.11%、53.33%和2.22%，Hg和As未超标。

综合污染程度E_{max}的超标率达到了73.33%，轻微超标、轻度超标、中度超标和重度超标的分别为48.89%、11.11%、6.67%和6.67%，超标程度比土壤大。

从图9-2可以看出，超标严重区域主要集中在东南及西北地区。轻微超标区域围绕在中度超标和重度超标区域外围。轻微超标所占范围最大，在整个研究区均有分布。未超标区域集中在东北和西南部。

3. 重金属超标农用地安全利用评价

结合前两种评价结果进行重金属超标农用地安全利用综合评价，评价结果表明，安全利用水平为无风险、轻微风险、低风险、中风险和高风险的比例分别为15.56%、35.56%、22.22%、6.67%和20%，说明研究区农用地具有一定的安全利用风险。重金属超标农用地安全利用综合评价空间分布见图9-3。

从图9-3可以看出，中、高风险区主要集中在东南和西北区域，主要原因是这些区域分布了大量的化工企业，企业废水排放后，农用地使用污水灌溉造成大面积重金属污染。低风险区分布于广大南部地区，轻微风险分布于中北部地区。无风险地区主要分布在东北和西南区域。整体分布状况与调查了解到的研究区工业布局状况相吻合，南部工业比较发达，造成南部风险高于北部。

农用地重金属污染安全利用评价结果（图9-3）与单一的土壤超标评价结果

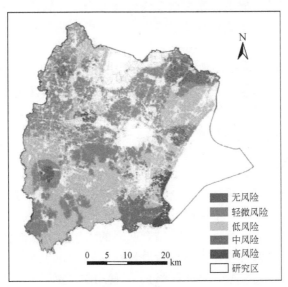

图 9-3　重金属超标农用地安全利用评价空间分布

（图 9-1）和单一的农作物可食部分超标评价结果（图 9-2）相比较，可以看出，农用地重金属污染安全利用评价方法能够更加全面地反映研究区的整体污染状况。例如，单一的土壤评价不能反映出该区中偏西北的那一片污染区域，而农作物可食部分评价不能反映出该区西北部的那一片污染区域，经过实地调查发现这两片区域都有工业污染源。因此，本书的安全利用评价方法能够很好地反映当地实际污染状况。

为了使农用地更加安全利用，针对不同的安全利用水平应该制定不同的安全利用策略。

1）无风险地区土壤重金属含量较低，土壤及其周边环境污染对农产品质量基本没有影响，农作物可食部分中重金属含量符合食品卫生要求。应该实施重点保护，控制污染源，防止新增污染，维护安全状态。

2）轻微风险地区土壤重金属有轻微积累，产地周边环境稍有污染，农作物可食部分中重金属含量大部分符合相关限量标准。应该优化农艺生产措施或调整农作物种类以确保农用地可安全利用。

3）低风险地区土壤重金属有一定积累，产地周边环境污染较少，部分农作物可食部分中重金属含量稍有超标。应该在保证土地利用类型不变的情况下，调整农作物种类，直到农作物可食部分重金属含量低于限量标准。

4）中风险地区土壤重金属含量较高，土壤及其周边环境对农作物可食部分质量安全已构成明显威胁，并导致部分农产品重金属含量超标。应该在优先保证其土地利用类型不变的前提下，通过改变农作物种类、在农用地内部适当调整土地利用类型、选择适当的土壤修复技术等综合整治措施使其农用地安全利用水平变为无风险。

5）高风险地区土壤重金属含量高，并已成为农作物可食部分质量安全的主要影响因素，周边环境污染较重，农作物可食部分中重金属含量不符合相关限值标准。应该在保证当地耕地红线情况下，调整土地利用类型或通过占补平衡等方式转换土地用途，提高农用地安全利用水平。

9.2.4 结论

农用地的安全利用关乎食品安全和人体健康，开展相关方面的研究显得尤为重要。本书在已有关于单一土壤或农作物可食部分重金属超标评价研究的基础上，探讨出一种将土壤与农作物可食部分结合起来的农用地重金属污染安全利用评价方法，土壤评价标准融合了《土壤环境质量标准》（GB 15618—1995）、《农用地土壤环境质量标准》（三次征求意见稿）、《食用农产品产地环境质量评价标准》（HJ/T 332—2006）和《茶叶产地环境技术条件》（NY/T 853—2004），农作物可食部分评价标准引用国家标准《食品安全国家标准食品中污染物限量》（GB 2762—2012），评价标准能够很好地适用于安全利用评价的需要。

该评价方法综合考虑了土壤和农作物可食部分重金属污染情况，与单一的土壤污染评价和农作物污染评价相比结果更加符合实际情况，且评价结果表征清晰明确，对农用地的安全利用具有一定的理论和实际应用意义。

第 10 章　结　　论

本章在归纳上述研究成果基础上就影响 Cd 在土壤–植物系统中迁移转化的几个重要因素及其可能的作用机制进行了阐述和总结。

10.1　土壤理化性质

10.1.1　pH

土壤中重金属的生物有效性及其对生物的毒性主要依赖于重金属自由离子的活性，也就是土壤中可溶性或可交换的金属的质量分数，而非重金属的总质量分数（Sauvé et al.，1996，1998；Murray and McBride，2002）。土壤 pH 是土壤所有参数中影响 Cd 形态和有效性的最重要因素（Singh and Kristen，1998）。土壤中 Cd 的有效性即 Cd 在土壤中的化学形态和吸附解吸行为很大程度上受土壤 pH 的影响。若提高土壤 pH，土壤胶体负电荷增加，H^+ 的竞争能力减弱，使重金属被结合得更牢固，多以难溶的氢氧化物或碳酸盐及磷酸盐的形式存在。因此，Cd 的有效性就大大降低了（Singh and Kristen，1998）。Murray 和 Mcbride（2002）提出了植物吸收 Cd 的模型，其模型表明土壤 pH 对 Cd 的有效性的影响十分重要。因此，在许多受 Cd 污染的酸性土壤地区，撒施石灰石提高土壤 pH 以降低 Cd 的有效性是治理 Cd 污染的一项有效措施，但应注意长期施用石灰会对土壤造成板结等理化性状的损害。

10.1.2　有机质

国内外关于有机质对土壤重金属化学行为的影响也进行了不少研究。土壤中的有机物质具有大量的功能团，其对 Cd 等重金属离子的吸附能力远远高于其他任何矿质胶体。更重要的是，有机质分解形成的小分子有机酸、腐殖酸等可与重金属结合后形成稳定的络合物，从而降低 Cd 的活动性。研究表明，在 Cd 污染的土壤中添加有机肥后，有机络合态的 Cd 明显增加，而水溶态和交换态 Cd 的质量分数则明显降低，即土壤中有效态 Cd 的质量分数降低。华珞等（2002a，2002b）多次实验结果证明，有机肥对 Cd-Zn 复合污染的土壤具有明显的调控作用，Cd-Zn

复合污染的土壤中施加猪厩肥可显著地降低 Cd、Zn 对小麦的毒性，可提高小麦的产量。其原因可能是施加的猪厩肥一方面形成了有机络合物，另一方面提高了土壤的 pH，从而降低了 Cd、Zn 的有效性。除土壤 pH、有机质质量分数外，土壤的其他理化性质如氧化还原电位（Eh）、土壤胶体、土壤阳离子交换量（CEC）等也都会影响 Cd 在土壤-植物系统中的迁移和转化。

10.2 Zn 元 素

目前已确认的影响 Cd 在土壤-植物系统中的迁移转化的金属元素主要包括 Zn、Mn、Fe、Ca、K 等。由于 Zn 与 Cd 具有相同的核外电子构型，化学性质极为相似，且二者往往伴生，Zn 元素对 Cd 的影响很早就引起了学者们的关注，对它的研究最多也最深入。随着土壤性质、$w(Zn)/w(Cd)$、植物种类等因素的不同，Zn-Cd 交互作用表现的形式也不同。

大量野外调查及实验研究证明，缺锌条件下，植物极易吸收和积累土壤中的 Cd（Abdel-Sabour et al.，1988；Moraghan，1993；Oilver et al.，1994）。而在土壤中尤其是缺 Zn 的土壤中施加 Zn 后，则会明显地降低植物对 Cd 的吸收和积累。Oliver 等（1994）在澳大利亚南部的临界缺锌和严重缺锌的土壤中施加 Zn 肥后，生长的小麦子粒中的 Cd 质量分数比未施 Zn 的降低了约 50%。McLaughlin 等（1994）对马铃薯生长的土壤增加有效 Zn 质量分数后，结果大大降低了马铃薯块茎中 Cd 的积累。McKenna 等（1993）对莴苣和菠菜的研究表明，Zn 不仅可抑制其根系对 Cd 的吸收，还阻止 Cd 通过木质部从根部向地上部分的运输。本书进行的小麦盆栽实验结果也显示，土壤 Cd 质量分数在 15~50mg/kg，随着 Zn 水平的提高，小麦幼苗中的 Cd 的质量分数逐渐降低，尤以最高质量分数的 Zn（1000mg/kg）对 Cd 的吸收抑制最为显著。同时，在 1000mg/kg Zn 质量分数下，随着 Cd 质量分数的升高，植物体内的 Zn 质量分数也逐渐降低，二者表现为相互拮抗（Zhu et al.，2003）。在其他许多植物中也都证实了 Zn 对 Cd 的拮抗作用，如加 Zn 可以减少 Cd 在亚麻、硬质小麦、大麦、玉米、水稻、萝卜、番茄等作物和蔬菜中的积累。对于 Zn-Cd 拮抗作用的机理，国内外也进行了不少研究，并取得了一定的进展，但目前尚无定论。普遍的推测是，Zn 与 Cd 具有极其相似的化学性质，因此在土壤-植物系统中吸附解吸、迁移转化及在植物体内的生物代谢过程都具有可取代性和竞争性。Welch 等（1999）通过根系分离技术的实验研究发现，Zn 可抑制 Cd 从一个根区向另一个根区的迁移。Cakmak 等（2000）进一步利用同位素示踪方法将 [109]Cd 施于小麦幼苗叶片的顶部，发现 [109]Cd 在 42h 内迁移到了幼苗的根部及植株的其他部位，但随着 Zn 处理质量分数的不同，[109]Cd 的迁移率不同。随着 Zn

质量分数从 0.1μmol/L 提高到 5μmol/L，[109]Cd 在地上部分的重新分配减少超过 50%，同样，向根部的迁移也被降低。由于木质部运输是由植物叶片和大气之间的水势差或者是蒸腾作用所驱动的，因此它的运输方向是向上的，所以本书认为处理叶片上的[109]Cd 向根部和植株的其他部位的再分配不可能是通过木质部传输的，很可能是通过筛管陪伴细胞的质膜进入韧皮部，然后通过韧皮部传输后再以同样的方式进入根系及其他部位的细胞，并得出结论，高质量分数的 Zn 很可能是通过干扰 Cd 从陪伴细胞向韧皮部的转运而抑制[109]Cd 向根部及其他部位迁移。Hart 等（2002）也进行了同位素示踪研究，他们认为，Zn 与 Cd 的吸收和运输过程中可能共用细胞质上的同一个转运子，二者同时存在时，就会竞争转运子的结合位点。这种转运子也可能存在于陪伴细胞的质膜上，所以高质量分数的 Zn 可能在与 Cd 竞争结合位点中占优势，阻止了 Cd 向韧皮部的转运。缺锌条件下，作物种子或子实极易积累 Cd 的原因是 Cd 通过韧皮部向种子或子实运输的畅通无阻。

Abdelilah 等（1997）利用大豆进行水培试验，发现 2μmol/L、5μmol/L 的 Cd 和 10μmol/L、25μmol/L 的 Zn 之间的交互作用并未表现出相互拮抗作用，而是表现为协同作用。Zn 促进了 Cd 的吸收和向地上部分的转运。周启星和高拯民（1994）同时对两种作物的研究发现，在相同的土壤及 Cd、Zn 质量分数条件下，在玉米籽实中 Cd-Zn 之间表现为相互抑制作用，而在大豆籽实中则表现为协同作用。

也有一些研究结果认为，Zn 与 Cd 之间既不存在拮抗作用也无协同作用（White and Chaney，1980）。但后来有人发现这些研究者所进行的试验均是在非缺锌的条件下进行的（Oliver et al.，1994）。本书研究表明，在非缺 Zn 的土壤条件下，施 Zn 对植物体内的 Cd 浓度无明显影响，达到污染水平的 Zn 浓度才显著降低植物体内 Cd 浓度；而在缺锌土壤条件下，施 Zn 可显著降低植物地上部分的 Cd 浓度，根部的 Cd 浓度则随着施 Zn 水平的提高而提高，即 Cd 的地上部分/根部比例随施 Zn 水平的提高而减小。这表明，Cd 从根部向地上部分的迁移受到了 Zn 的影响，Zn 阻止了 Cd 从根部向地上部分的迁移（Zhu et al.，2003；Zhao et al.，2005a，2005b）。Cd-Zn 交互作用复杂多样，土壤性质、Zn 背景值、植物品种及环境的变化等都可能会导致不同的作用结果，对其作用机理学者仍未达成统一的认识。

10.3 P 元 素

由于磷肥的大量使用，尤其是含 Cd 磷肥的施用导致了作物中 Cd 的积累，土壤及作物体内 P 水平与作物对 Cd 的吸收积累的关系问题引起了人们的关注。一方面，商业磷肥中通常含有不同水平的 Cd，随着磷肥的施用 Cd 被带进了土壤，从而提高了作物中 Cd 的水平；另一方面，磷肥还可能通过影响土壤 pH、离子强度、Zn 的有效性及植物生长等进而影响土壤中 Cd 的生物有效性。Grant 和 Bailey（1997）的 3 年大田试验结果显示，磷肥的施用增加了亚麻种子中 Cd 的积累和质量分数。Maire 等（2002）在大田和盆栽试验中均发现磷肥显著提高了马铃薯块茎中 Cd 的质量分数。本书的盆栽实验结果也与上述结果一致，在缺磷土壤中施加不同质量分数（0mg/kg、10mg/kg、50mg/kg、100mg/kg）的磷肥，小麦幼苗茎中的 Cd 质量分数显著提高，高 P（100mg/kg）时 Cd 质量分数开始下降，但仍高于对照（0mg/kg）（Zhao et al.，2005a）。Choudhary 等（1994）在培养小麦的土壤中添加试剂纯级的磷酸铵，试剂中 Cd 含量极少，然而生长的小麦植株中 Cd 的质量分数却明显升高，说明植株体内 Cd 水平的提高是由于 P 元素本身的影响而非磷肥携带的 Cd 所致。杨志敏等（1999）利用水培试验研究了不同 P 水平和介质 pH 对小麦和玉米两种作物对 Cd 吸收的影响。结果显示，在 pH 为 6 条件下，提高 P 水平可降低小麦和玉米根系和茎叶中 Cd 的质量分数，而在 pH 为 5 的条件下，随着 P 水平的提高，两种作物体内 Cd 质量分数均呈上升趋势，表现出一定的协同效应。P 元素对植物 Cd 吸收的影响机理尚不清楚，P 可能通过影响土壤 pH、Zn 的有效性等来影响植物对 Cd 的吸收，这还有待于进一步研究。但也有人报道磷肥对植物体内 Cd 的吸收和积累并无显著影响。Bogdanovic 等（1999）长期的（30 年）大田试验研究结果表明，不同磷肥处理（50kg、100kg、150kg P_2O_5/hm^2）的地区作物 Cd 的质量分数与未施磷肥的对照地区相比并无明显增加。

10.4　陪伴阴离子 Cl^- 和 SO_4^{2-}

自从 Bingham 等（1984，1986）研究发现阴离子 Cl^- 和 SO_4^{2-} 可促进植物对 Cd 的吸收后，阴离子对 Cd 在土壤-植物系统中迁移转化的影响引起了学者的关注，这方面的研究报道也越来越多。Sparrow 等（1994）和 Grant 等（1996）分别对马铃薯和大麦的实验研究结果表明，以 KCl 的形式施入钾肥，马铃薯块茎和大麦籽实中 Cd 质量分数均有提高。Li 等（1994）和 McLaughlin 等（1994）同时在大田调查的研究发现，土壤盐分（Cl^-）是影响作物吸收积累 Cd 的一个非常重要的因子。Norvell 等（2000）通过大田调查和模型计算得出，硬质小麦籽实中 Cd 的积累与土壤盐分有关，包括可溶性 Cl^-、可溶性 SO_4^{2-}、可提取 Na、螯合态 Cd 等，尤其与 Cl^- 关系最为密切。他们研究证实，Cl^- 在溶液中能形成相对稳定的复合物 $CdCl^+$ 和 $CdCl_2^0$，简单的化学稳定计算表明，当土壤溶液中 Cl^- 浓度达到 10mmol/L 时，这种复合物的形成就很明显，这样就使 Cd 趋向于由固态向土壤溶液迁移，从而提高了 Cd 的溶解性。Smolders 和 McLaughlin（1996a，1996b）根据其研究结果提出假设，认为 Cd 与阴离子 Cl⁻、SO_4^{2-} 形成的复合物 $CdCl_n^{2-n}$ 和 $CdSO_4^0$ 具有与 Cd^{2+} 相同的生物活性，可直接被植物吸收。McLaughlin 等（1998a；1998b）进行的水培和盆栽实验均表明，Na_2SO_4 的加入虽然显著降低了营养液或土壤溶液中自由 Cd^{2+} 的质量分数，但植物对 Cd 的吸收和积累并没有受到明显影响。而我们对 K_2SO_4、KCl 和 KNO_3 3 种钾肥进行的比较研究结果却显示，KCl 和 K_2SO_4 的加入均明显提高了两个小麦品种对 Cd 的吸收，且随着 KCl 和 K_2SO_4 质量分数的升高，小麦幼苗茎中 Cd 质量分数也随着升高。相对的，根部 Cd 质量分数随 KCl 和 K_2SO_4 的变化不如茎中强烈，K_2SO_4 处理的小麦根中 Cd 质量分数变化不大甚至略有降低。这表明 Cl⁻ 和 SO_4^{2-} 有可能影响 Cd 从植物根部向茎部的转运（Zhao et al.，2004）。

10.5 螯 合 剂

螯合剂是含有多齿状配位基的高分子化合物，可以打破重金属离子与土壤固相的结合，将金属离子从土壤固相中解析出来，增加土壤溶液中重金属离子浓度，提高重金属离子的生物有效性，增强植物提取的效果。螯合剂可分为两大类：第一类是天然小分子有机酸，如柠檬酸、草酸、酒石酸、苹果酸、丙二醛等，可以与金属离子形成可溶性的络合物来提高金属离子的生物可利用性；第二类是多羧基氨基酸，如 EDTA（乙二胺四乙酸）、DTPA（二乙三胺五三乙酸）、HEDTA（羟乙基替乙二胺三乙酸）、EDDS（乙二胺二琥珀酸）和 NTA（二乙基三乙酸）等。不同的螯合剂对金属的亲和力不同，这跟螯合剂和金属离子形成的金属螯合物的稳定性有关，稳定系数越高，螯合剂对相应重金属离子的活化能力越大。因此，螯合剂诱导植物提取的效果与重金属的种类和螯合剂的种类有关。Luo 等（2005，2006）研究发现，EDDS 对 Cu、Zn 的提取效果优于 EDTA，土壤中可溶性的 Cu 的浓度与对照相比提高了 102 倍，但对 Pb、Cd 的提取效果不如 EDTA。

螯合剂强化植物提取的效果还与植物的品种和添加螯合剂的浓度和时间有关。Ebbs 和 Kochian（1997）研究发现，EDTA 能促进印度芥菜对 Zn 的吸收，但是对燕麦和大麦没有效果。施加螯合剂的时间通常在植物接近收获的时候，因为此时植物已经积累了较大的生物量，经过螯合剂活化后，短时间内可以吸收较多的重金属。对 As、Zn 和 Cu 复合污染的土壤，添加 10mmol/kg 的 NTA 可以提取土壤中 30% 以上的 As，但添加 2mmol/kg 的 NTA 时，对土壤中的 As、Zn 和 Cu 没有明显的增溶作用（Mike et al.，2007）。在整个修复过程中分次添加低浓度的螯合剂比较好，一次性添加高浓度的螯合剂可能会导致植物中毒，甚至死亡（Grčman et al.，2003）。

国内外对螯合剂强化植物修复重金属污染土壤进行了大量的研究，所用的螯合剂从天然小分子有机酸到人工合成/天然多羧基氨基酸达几十种之多，但天然小分子有机酸对土壤重金属的增溶效果不如 EDTA 等人工合成螯合剂，同时，天然小分子有机酸易降解，持续效果差且成本较高，所以开发和利用多羧基氨基酸成为研究重点。EDTA 和 DTPA 等多种人工螯合剂对重金属的增溶能力很好，但是不具有生物可降解性，在土壤中存留的时间长，易在土壤中淋溶，造成地下水污染，对周围环境造成二次污染（骆永明，2000；Lombi et al.，2001），且金属螯合物具有生物毒性，会对植物的生长产生抑制作用。近年来寻找可以替代 EDTA 的新型可降解螯合剂成为主要任务，其中 EDDS 因其生物可降解，且对环境比较友好，越来越受到重视，作为一种可以替代 EDTA 的螯合剂用于污染土壤修复的研究。与 EDTA 相比，EDDS 对植物和土壤微生物的毒性要小，且具有生物可降解性。近来发现两种新合成的螯合剂 IDSA 和 AES 具有很好的生物可降解性，与金属离子也具有很好的亲和力。我们比较研究 EDTA、EDDS 和 IDSA 对玉米吸收 Pb、Zn、Cd、Cu 的影响时发现，EDTA 对吸收 Pb 的影响最大，而 IDSA 对 Cd 的影响最大（Zhao et al.，2010），在 AES 和 EDTA 对黑麦草强化修复重金属污染土壤研究中发现，AES 处理的黑麦草地上部 Zn 浓度达到了 1081.8mg/kg，显著高于 EDTA 处理的 1.06mg/kg（赵中秋等，2010）。

虽然螯合剂可以提高土壤中重金属离子的生物有效性，但是过量的重金属和重金属螯合物会抑制植物的生长，甚至造成植物的死亡，且施加螯合剂的环境效应越来越受到人们的关注，EDTA 等非生物可降解螯合剂在土壤中存留时间较长，易对地下水造成污染，对周围环境造成二次污染。这些局限性限制了螯合剂的发展和推广，要因地制宜地选择螯合剂的种类及浓度和施加时间，配套其他措施或修复技术减少重金属的淋溶和重金属及重金属螯合物对植物的毒害。我们研究发现，相对单一螯合剂处理，接种菌根菌，一方面提高了添加螯合剂时玉米对重金属的吸收积累量，强化了植物提取的效果，主要是提高了玉米地上部生物量所致；另一方面，AM 菌根改变了根际土壤中重金属的形态，使得重金属的形态由松结合态向紧结合态转移，降低了重金属的生物有效性及过量重金属对宿主植物的毒害（李瑞等，2014）。同时，要继续筛选对重金属和螯合剂耐性高、生长速度快、生物量大的植物，加强对新型螯合剂的开发研究，研发出高选择性、易生物降解的和低毒的生物源螯合剂。

10.6 结 语

虽然 Cd 是毒性最强的重金属之一，但由于它在自然界中广泛存在且用途很广，不论是在塑料、颜料、试剂等生产中，还是在冶炼、电镀、光电元件及镍镉电池制造中，都具有较高的工业价值，Cd 污染在全球范围内是土壤污染的重要因子，不仅使作物产量受到了很大损失，更重要的是严重影响了人类和动物的食物安全。目前 Cd 已成为影响食物安全和人体健康的重要污染物之一，国内外众多学者致力于作物可食部分 Cd 的积累控制的研究。虽然作物可食部分对 Cd 的积累随植物种类不同而有差别，但很大程度上取决于植物对 Cd 的吸收效率，即取决于土壤中的 Cd 向植物根部和地上部分迁移转化的过程和迁移转化率。因此，认识 Cd 在土壤-植物系统中迁移转化的影响因素及其规律，对控制 Cd 污染地区土壤中的 Cd 向植物可食部分的迁移转化，或进行植物修复，将 Cd 从土壤中彻底提取出来，从而提高食物的安全性有着至关重要的意义。Cd 在土壤-植物系统中的迁移转化是一个十分复杂的过程，其影响因素及影响过程复杂多样，本书阐述的仅仅是目前较受关注的几种因子，近年来在 Cd 在土壤-植物系统中的迁移转化及其规律的研究取得了较大的成就，尤其是对土壤理化性质的影响的研究较早、较成熟，得到了普遍的认同。但是，仍有许多问题有待进一步深入研究。其他一些因子如 Zn 元素对 Cd 在土壤-植物系统中迁移转化的影响机理出现多种解释，目前尚无统一定论；而 P 元素、陪伴阴离子等对 Cd 的影响过程及机理尚不了解。深入解决这些问题，取得突破性的进展，需要与其他学科相结合。例如，要了解陪伴阴离子 Cl^- 和 SO_4^{2-} 是否能够通过植物根部细胞质膜跨膜运输直接被植物吸收，有必要结合生物化学、生物分子及膜物理等领域的方法和手段。

参 考 文 献

包丹丹, 李恋卿, 潘根兴, 等. 2011. 垃圾堆放场周边土壤重金属含量的分析及污染评价. 土壤
　　通报, 42 (1): 185-189.

陈世宝, 朱永官, 马义兵. 2006. 不同磷处理对污染土壤中有效态铅及磷迁移的影响. 环境科学
　　学报, 6 (7): 1140-1144.

陈有鑑, 黄艺, 曹军, 等. 2003. 玉米根际土壤中不同重金属的形态变化. 土壤学报, 40 (3):
　　367-371.

陈志霞, 黄益宗, 赵中秋, 等. 2012. 不同粒径磷矿粉对玉米吸收积累重金属的影响. 安全与环
　　境学报, 12 (6): 1-4.

丁园. 2010. 污染土壤中铜、镉的植物有效性及其调控研究. 江苏: 南京农业大学博士学位论
　　文.

杜志敏, 周静, 崔红标. 2011. 磷灰石等改良剂对土壤–黑麦草系统中铜行为的影响. 环境化学,
　　30 (3): 673-678.

樊霆, 叶文玲, 陈海燕, 等. 2013. 农田土壤重金属污染状况及修复技术研究. 生态环境学报,
　　22 (10): 1727-1736.

高卫国. 2005. 修复剂 (改良剂) 对土壤重金属形态分布及其生物有效性的影响. 北京: 中国科
　　学院生态环境研究中心.

韩金龙, 王同燕, 徐立华, 等. 2010. 铅胁迫对糯玉米幼苗叶片中叶绿素含量及抗氧化酶活性的
　　影响. 华北农学报, 25 (s1): 121-123.

郝建军. 2007. 植物生理学实验技术. 北京: 化学工业出版社.

何士敏, 方平, 何莉. 2010. 沙棘叶片内过氧化氢酶的研究. 安徽农业科学, 38 (9):
　　4880-4882.

华绕, 白玲玉, 韦东普, 等. 2002a. 有机肥–镉–锌交互作用对土壤镉锌形态和小麦生长的影响.
　　中国环境科学, 22 (4): 346-350.

华绕, 白玲玉, 韦东普, 等. 2002b. 土壤镉锌污染的植物效应与有机肥的调控作用. 中国农业
　　科学, 35 (3): 291-296.

黄益宗, 胡莹, 刘云霞, 等. 2006. 重金属污染土壤添加骨炭对苗期水稻吸收重金属的影响.
　　农业环境科学学报, 25 (6): 1481-1486.

黄益宗, 张文强, 招礼军, 等. 2009. Si 对盐胁迫下水稻根系活力、丙二醛和营养元素含量的影
　　响. 生态毒理学报, 4 (6): 860-866.

李合生. 2000. 植物生理生化实验原理和技术. 北京: 高等教育出版社.

李惠华, 赖钟雄. 2006. 植物抗坏血酸过氧化物酶研究进展. 亚热带植物科学, 35 (2): 66-69.

李惠英, 朱永官. 2002. 不同磷锌施肥量对大麦产量及其吸收的影响. 中国生态农业学报,
　　10 (4): 51-53.

李名升, 佟连军. 2008. 辽宁省污灌区土壤重金属污染特征与生态风险评价. 中国生态农业学

报, 16（6）：1517-1522.

李瑞, 刘晓娜, 赵中秋. 2014. 螯合剂和 AM 菌根对玉米吸收重金属及重金属化学形态的影响. 生态环境学报, 23（2）：332-338.

李仕飞, 刘世同, 周建平, 等. 2007. 分光光度法测定植物过氧化氢酶活性的研究. 安徽农学通报, 13（2）：72-73.

廖敏, 黄昌勇. 2002. 黑麦草生长过程中有机酸对镉毒性的影响. 应用生态学报, 13（1）：109-112.

刘忠珍, 介晓磊, 刘世亮. 2010. 石灰性褐土中磷锌交互作用及磷对锌吸附–解吸的影响. 环境化学, 29（6）：1079-1085.

龙新宪. 2002. 东南景天对锌的耐性和超积累机理研究. 杭州：浙江大学博士学位论文.

鲁如坤. 2000. 土壤农业化学分析方法. 北京：中国科学技术出版社.

罗立新, 孙铁珩, 靳月华. 1998. 镉胁迫对小麦叶片细胞膜脂过氧化的影响. 中国环境科学, 18（1）：72-75.

孙云, 江春柳, 赖钟雄, 等. 2008. 茶树鲜叶抗坏血酸过氧化物酶活性的变化规律及测定方法. 热带作物学报, 29（5）：562-566.

陶毅明, 陈燕珍, 梁士楚, 等. 2008. 镉胁迫下红树植物木榄幼苗的生理生化特性. 生态学杂志, 27（5）：762-766.

王海啸, 吴俊兰, 张铁金, 等. 1990. 山西石灰性褐土的磷、锌关系及其对玉米幼苗生长的影响. 土壤学报, 27（3）：214-249.

王宏信. 2006. 重金属富集植物黑麦草对锌–镉的响应及其根际效应. 重庆：西南大学硕士学位论文.

王辉, 张文会. 2008. 不同浓度的镉胁迫对大豆幼苗生长的影响. 聊城大学学报（自然科学版）, 21（3）：76-78.

王意锟, 郝秀珍, 周东美, 等. 2011. 改良剂施用对重金属污染土壤溶液化学性质及豇豆生理特性的影响研究. 土壤, 43（1）：89-94.

徐卫红, 王宏信, 李文一, 等. 2006a. 重金属富集植物黑麦草对 Zn 的响应. 水土保持学报, 20（3）：43-46.

徐卫红, 王宏信, 王正银, 等. 2006b. 重金属富集植物黑麦草对锌、镉复合污染的响应. 中国农学通报, 22（6）：365-368.

阎成士, 李德全, 张建华. 1999. 植物叶片衰老与氧化胁迫. 植物学通报, 16（4）：398-404.

杨亚宁, 巴雷, 白晓楠, 等. 2010. 一种改进的丛枝菌根染色方法. 生态学报, 30（3）：774-779.

杨志敏, 郑绍键, 胡霭堂. 1999. 不同磷水平和 pH 对玉米和小麦体内 Cd 含量的影响. 南京农业大学学报, 22（1）：46-50.

杨卓. 2009. Cd、Pb、Zn 污染潮褐土的植物修复及其强化技术研究. 河北：河北农业大学博士学位论文.

叶必雄, 刘圆, 虞江萍, 等. 2012. 施用不同畜禽粪便土壤剖面中重金属分布特征. 地理科学进展, 31（12）：1708-1714.

张丽洁, 张瑜, 刘德辉. 2009. 土壤重金属复合污染的化学固定修复研究. 土壤, 41 (3): 420-424.

张茜, 徐明岗, 张文菊, 等. 2008. 磷酸盐和石灰对污染红壤与黄泥土中重金属铜锌的钝化作用. 生态环境学报, 17 (3): 1037-1041.

赵中秋, 席梅竹, 降光宇, 等. 2010. 冬氨酸二丁二酸醚 (AES) 诱导黑麦草提取污染土壤重金属的效应. 环境化学, 29 (3): 407-411.

赵中秋, 朱永官, 蔡运龙. 2005. 镉在土壤–植物系统中的迁移转化及其影响因素. 生态环境, 14 (2): 282-286.

郑世英, 商学芳, 王景平. 2010. 可见分光光度法测定盐胁迫下玉米幼苗抗氧化酶活性及丙二醛含量. 生物技术通报, 7: 106-109.

郑世英, 王丽燕, 商学芳, 等. 2007. Cd^{2+} 胁迫对玉米抗氧化酶活性及丙二醛含量的影响. 江苏农业科学, 1: 36-38.

周启星, 高拯民. 1994. 作物籽实中 Cd 与 Zn 的交互作用及其机理的研究. 农业环境保护, 13 (4): 148-151.

祖艳群, 李元, Bock L, 等. 2008. 重金属与植物 N 素营养之间的交互作用及其生态学效应. 农业环境科学学报, 27 (1): 7-14.

Abdelilah C, Mohamed H G, Ezzedine E F. 1997. Effects of cadmium-zinc interactions on hydroponically grown bean (*Phaseolus vulgaris L.*). Plant Science, 126 (1): 21-28.

Abdel-Sabour M F, Mortvedt J J, Kelsoe J J. 1988. Cadmium-zinc interactions in plants and extractable cadmium and zinc fractions in soil. Soil Science, 145 (6): 424-431.

Alscher R G, Hess J L. 1993. Antioxidants in higher plants. CRC Press: Boca Raton, F L.

Andersson A, Siman G. 1991. Levels of Cd and some other trace elements in soils and crops as influenced by lime and fertilizer level. Acta Agriculturae Scandinavica, 41 (1): 3-11.

Aravind P, Prasad M N V. 2003. Zinc alleviates cadmium-induced oxidative stress in *ceratophyllum demersum* L.: a free floating freshwater macrophyte. Plant Physiol Biochem, 41: 391-397.

Aβmann S, Sigler K, Höfer M. 1996. Cd^{2+}- induced damage to yeast plasma membrane and its alleviation by Zn^{2+}: studies on Schizosaccharomyces pombe cells and reconstituted plasma membrane vesicles. Archives Microbiology, 165 (4): 279-284.

Baker A J M, Brooks R R, 1989. Terrestrial higher plants which hyperaccumulate metallic elements: A review of their distribution, ecology and phytochemistry. Biorecovery, 1: 81-126.

Bingham F T, Garrison S, Strong J E. 1984. The effect of chloride on the availability of cadmium. Journal of Environmental Quality, 13 (1): 71-74.

Bingham F T, Garrison S, Strong J E. 1986. The effect of sulfate on the availability of cadmium. Soil Science, 141: 172-177.

Blaylock M J, Salt D E, Dushenkov S, et al. 1997. Enhanced accumulation of Pb inIndian Mustard by soil-applied chelating agents. Environmental Scienceand Technology, 31 (3): 860-865.

Bogdanovic D, Ubavic M, Cuvardic M. 1999. Effect of phosphorus fertilization on Zn and Cd contents in soil and corn plants. Nutrient Cycling in Agroecosystems, 54 (1): 49-56.

Bowler C, VanMontage M, Inze Q. 1992. Superoxide dismutase and stress tolerance. Annu Rev Plant Physiol Plant Mol Biol, 43: 83-116.

Bray T M, Bettger W J. 1990. The physiological role of zinc as an antioxidant. Free Radic Biol Med, 8 (3): 281-291.

Cakmak I, Welch R M, Erenoglu B, et al. 2000. Influence of varied Zn supply on re-translocation of Cd ([109] Cd) and Rb ([86] Rb) applied on mature leaf of durum wheat seedlings. Plant and Soil, 219 (1): 279-284.

Cao X, Wahbi A, Ma L, et al. 2009. Immobilization of Zn, Cu, and Pb in contaminated soils using phosphate rock and phosphoric acid. Journal of Hazardous Materials, 164 (2-3): 555-564.

Castillo F J, Greppin H. 1988. Extracellular ascorbic acid and enzyme activities related to ascorbic acid metabolism in Sedum album L. leaves after ozone exposure. Environ Exp Bot, 28: 231-238.

Chance B, Maehly A C. 1955. Assay of catalases and peroxidases. Methods Enzymol, 2: 764-880.

Choudhary M, Baily L D, Grant C A. 1994. Effect of zinc on cadmium concentration in the tissue of durum wheat. Canadian Journal of Plant Science, 74 (3): 549-552.

Clarke J M, Leisle D. 1997. Registration of five pairs of durum wheat genetic stocks near-isogenic for cadmium concentration. Crop Science, 37 (1): 297-297.

Cunninggham S D, Berti W R, Huang J W. 1995. Phytoremediation of contaminated soils. Trends in Biotechnology, 13 (00): 393-397.

Gianquinto G, Abu-Rayyan A, Tola L D, et al. 2000. Interaction effects of phosphorus and zinc on photosynthesis, growth and yield of dwarf bean grown in two environments. Plant and Soil, 220 (1): 219-228.

Girotti A W, Thomas J P, Jordan J E. 1985. Inhibitory effect of zinc (II) on free radical lipid peroxidation in erythrocyte membranes. Journal of Free Radicals in Biology and Medicine, 1 (5-6): 395-401.

Grant C A, Bailey L D, Therrien M C. 1996. Effect of N, P, and KCl fertilizers on grain yield and Cd concentration of malting barley. Nutrient Cycling in Agroecosystems, 45 (2): 153-161.

Grant C A, Bailey L D. 1998. Nitrogen, phosphorus and zinc management effects on grain yield and cadmium concentration in two cultivars of durum wheat. Canadian Journal of Plant Science, 78 (1): 63-70.

Grant C A, Baily L D. 1997. Effects of phosphorus and zinc fertilizer management effects on cadmium accumulation in flaxseed. Journal of the Science of Food and Agriculture, 73 (3): 307-314.

Haghiri F. 1974. Plant uptake of cadmium as influenced by cation exchange capacity, organic matter, Zn and temperature. Journal of Environmental Quality, 3: 2 (2): 180-182.

Hao X W, Huang Y Z, Cui Y S. 2010. Effect of bone char addition on the fractionation and bio-accessibility of Pb and Zn in combined contaminated soil. Acta Ecologica Sinica, 30 (2): 118-122.

Hart J J, Welch R M, Norvell W A, et al. 2002. Transport interaction between Cd and Zn in roots of bread wheat and durum wheat seedlings. Physiologia Plantarum, 116 (1): 73-78.

Heath R L, Packer L. 1968. Photoperoxidation in isolated chloroplasts. I. Kinetics and Stoichiometry of fatty acid peroxidation. Arch Biochem Biophys, 125: 189-198.

Kanofsky, Sima. 1995. Singlet Oxygen generation from the reaction of Ozone with plant leaves. Journal of Biological Chemistry, 270 (14): 7850-7852.

Khan A Q, Kuek C, Chaudhry T M, et al. 2000. Roles of plants, mycorthizae and phytochelators in Cu contaminated land reclamation. Chemosphere, 41 (1-2): 197-207.

León A M, Palma J M, Corpas F J, et al. 2002. Antioxidant enzymes in cultivars of pepper plants with different sensitivity to cadmium. Plant Physiol Biochem, 40: 813-820.

Li Y M, Chaney R L, Schneiter A A. 1994. Effect of soil chloride level on cadmium concentration in sunflower kernels. Plant and Soil, 167 (2): 275-280.

Lindsay W L. 1979. Chemical Equilibria in Soils. John Wiley&Sons, New York.

Loneragan J F. 1951. The effect of applied phosphate on the uptake of Zn by flak. Australian Journal of Scientific Research. ser. b Biological Sciences, 4 (2): 108-114.

Luwe M W F, Takahama U, Heber U. 1993. Role of ascorbate in detoxifying ozone in the apoplast of spinach (Spinacia oleracea) leaves. Plant Physiol, 101: 969-976.

Lyons T, Ollerenshaw J H, Barnes J. 1999. Impacts of ozone on plantago major: apoplastic and symplastic antioxidant status. New Phytol, 141: 253-263.

Maddison J, Lyons T, Plöchl M, et al. 2002. Hydroponically cultivated radish fed L-galactono-1, 4-lactone exhibit increased tolerance toozone. Planta, 214 (3): 383-391.

Maier N A, Mc Laughlin M J, Heap M, et al. 2002. Effect of current-season application of calcitic lime and phosphorusfertilization on soil pH, potato growth, yield, dry matter content, and cadmium concentration. Communications in Soil Science and Plant Analysis, 33 (13-14): 2145-2165.

Marschner H. 1995. Mineral Nutrition of Higher Plants. Academic Press, London San Diego, 262-363.

Mazhoudi S, Chaoui A, Ghorbal M H, et al. 1997. Response of antioxidant enzymes to excess copper in tomato (Lycopersicon esculentum Mill.), Plant Sci, 127: 129-137.

Mckenna I M, Channey R L, Wiliams F M. 1993. The effect of cadmium and zinc interactions on the accumulation and tissue distribution of zinc and cadmium in lettuce and spinach. Environmental Pollution, 79 (2): 113-120.

McLaughlin M J, Andrew S J, Smart M K, et al. 1998a. Effects of sulfate on cadmium uptake by swiss chard: I. Effects of complexation and calcium competition in nutrient solutions. Plant and Soil, 202 (2): 211-216.

Mclaughlin M J, Lambrechts R M, Smolders E, et al. 1998b. Effects of sulfate on cadmium uptake by swiss chard: II. Effects due to sulfate addition to soil. Plant and Soil, 202 (2): 217-222.

McLaughlin M J, Maier N A, Freeman K, et al. 1995. Effect of potassic and phosphatic fertilizer type, fertilizer Cd concentration and zinc rate on cadmium uptake by potatoes. Nutrient Cycling in Agroecosystems, 40 (1): 63-70.

Mclaughlin M J, Palmer L T, Tiller K G, et al. 1994. Increased salinity causes elevated cadmium concentrations in field-grown potato tubers. Journal of Environmental Quality, 23 (5): 1013-1018.

McLaughlin M J, Williams G M J, Mckay A. 1994. Effect of cultivar on uptake of cadmium by potatoes. Aust J Agric Res, 45: 1483-1495.

Moraghan J T. 1993. Accumulation of cadmium and selected elements in flax seed grown on a calcareous soil. Plant and Soil, 150 (1): 61-68.

Mulherjee S P, Choudhuri M A. 1983. Determination of glycolate oxidase activity, H_2O_2 content and catalase activity. Physiol Plant, 58: 167-170.

Murray B, Mcbride M B. 2002. Cadmium uptake by crops estimated from soil total Cd and pH. Soil Science, 167 (1): 62-67.

Nagajyoti P C, Lee K D, Sreekanth T V M. 2010. Heavy metals, occurrence and toxicity for plants: a review. Environmental Chemistry Letters, 8 (3): 199-216.

Nakano Y, Asada K. 1981. Hydrogen peroxide is scavenged by ascorbate-specific peroxidase in spinach chloroplasts. Plant Cell Physiol, 22: 867-880.

Nan Z R, Li J, Zhang J, et al. 2002. Cadmium and zinc interactions and their transfer in soil-plant system under actual field conditions. Science of the Total Environment, 285 (1): 187-195.

Norvell W A, Wu J, Hopkins D G, et al. 2000. Association of cadmium in durum wheat grain with soil chloride and chelate-extractable soil cadmium. Soil Science Society of America Journal, 64 (6): 2162-2168.

Oliver D P, Wilhelm N S, Tiller K G, et al. 1997. Effect of soil and foliar applications of zinc on cadmium concentration in wheat grain. Animal Production Science, 37 (6): 677-681.

Oliver D P, Wilhelm N S, Mc Farlane J D, et al. 1994. The effects of zinc fertilization on cadmium concentration in wheat grain. Journal of Environmental Quality, 23 (4): 705-711.

Olmos E, Martínez-Solano J R, Piqueras A, et al. 2003. Early steps in the oxidative burst induced by cadmium in cultured tobacco cells (BY-2 line). J Exp Botany, 54 (381): 291-301.

Oteiza P I, Adonaylo V N, Keen C L. 1999. Cadmium-induced testes oxidative damage in rats can be influenced by dietary zinc intake. Toxicology, 137: 13-22.

Ouzounidou G, Moustakas M, et al. 1997. Physiological and ultrastructural effects of cadmium on wheat (Triticum aestivum L) leaves. Arch Environ Contam Toxicol, 32: 154-160.

Polle A, Wieser G, Havranek W M. 1995. Quantification of ozone influx and apoplastic ascorbate content in needles of Norway spruce trees (Picea abies L., Karst) at high altitude. Plant Cell Environ, 18: 681-688.

Pueyo M, Sastre J, Hernández E, et al. 2003. Prediction of trace element mobility in contaminated soils by sequential extraction. Journal of Environmental Quality, 32 (6): 2054-2066.

Quevauviller P, Ure A, Muntau H, et al. 1993. Improvements of analytical measurements within the BCR-Programme: case of soil and sediment speciation analyses. International Journal of Environmental Analytical Chmistry, 51 (1-4): 129-134.

Rauret G, Lópezsánchez J F, Sahuquillo A, et al. 1999. Improvement of the BCR three step sequential extraction procedure prior to the certification of new sediment and soil reference materials. Journal of Environmental Monitoring Jem, 1 (1): 57-61.

Reid R, Brooks J D, Tester M A, et al. 1996. The mechanism of zinic uptake in plants, Planta,

198 (1): 39-45.

Robisnon B H, Brooks R R, Howes A W, et al. 1997. The potential of high- biomass Zn hyperaccumulator Berkheya coddii for phytoremediation and phytomining. Journal of Geo- chemical Exploration, 60 (2): 115-126.

Rygol J, Arnold W M, Zimmermann U. 1992. Zinc and salinity effects on membrane transport in *Chara connivens*. Plant Cell and Environment, 15 (1): 11-23.

Santibáñez C, Verdugo C, Ginocchio R. 2008. Phytostabilization of coppermine tailings with biosolids: implications for metal uptake and productivity of *Lolium perenne*. Science of the Total Environment, 395 (1): 1-10.

Sato M, Bremner I. 1993. Oxygen free radicals and metallothionein. Free Radic Biol Med, 14: 325-337

Sauvé S, Dumestre A, Mcbride M, et al. 1998. Derivation of soil quality criteria using predicted chemical speciation of Pb^{2+} and Cu^{2+}. Environmental Toxicology and Chemistry, 17 (8): 1481-1489.

Sauvé S, Hendershot W H. 1996. Cation exchange capacity variations in acidic forest soils from Sutton, Quebec, Canada. Communications in soil science and plant analysis. 27 (9-10): 2025-2032.

Schützendübel A, Nikolova P, Rudolf C, et al. 2002. Cadmium and H_2O_2-induced oxidative stress in Populus × canescens, roots. Plant Physiology and Biochemistry, 40 (6-8): 577-584.

Schützendübel A, Schwanz P, Teichmann T, et al. 2001. Cadmium-induced changes in antioxidant systems, hydrogen peroxide content, and differentiation in scots pine roots. Plant Physiol, 127: 887-898.

Schützendübel A, Schwanz P, Teichmann T, et al. 2001. Cadmium-induced changes in antioxidant systems, hydrogen peroxide content, and differentiation in scots pine roots. Plant Physiology, 127 (3): 887-898.

Shuman L M. 1988. Effect of removal of organic matter and iron or manganese-oxides on zinc adsorption by soil. Soil Science . 146 (4): 215-220.

Singh B R, Kristen M. 1998. Cadmium uptake by barley as affected by Cd sources and pH levels. Geoderma, 84 (1-3): 185-194.

Singh J P, Karamanos R E, Stewart J W B. 1988. The mechanism of phosphorus- induced zinc deficiency in bean (*Phaseolus vulgaris* L.). Canadian journal of soil science, 68 (2): 345-358.

Smirnoff N. 2000. Ascorbic acid: metabolism and functions of a multi-facetted molecule. Curr Opin Plant Biol, 3: 229-235.

Smolders E, Mclaughlin M J, Tiller K G. 1996b. Influence of chloride on Cd availability to swiss chard: a resin buffered solution culture system. Soil Science Society of America Journal, 60: 1443-1447.

Smolders E, Mclaughlin M J. 1996a. Effect of Cl on Cd uptake by swiss chard in nutrient solutions. Plant and Soil, 179 (1): 57-64.

Sparrow LA, Saladini A A, Jonstone J. 1994. Field studies of Cd in potatoes (*Solanum tuberosum* L.) III: Response of cv. Russet Burbank to sources of banded potassium. Crop and Pasture Science, 45 (1): 243-249.

Stukenhoiottz D D, Olsen R J, Gogan G, et al. 1966. On the mechanism of P-Zn interaction in corn nutrition. Soil Science Society of America Journal, 30 (6): 759-763.

Szuster-Ciesielska A, Stachura A, Slotińska M, et al. 2000. The inhibitory effect of zinc on cadmium-induced cell apoptosis and reactive oxygen species (ROS) production in cell cultures. Toxicol, 145: 159-171.

Tack F M G, Verloo M G. 1995. Chemical speciation and fractionation in soil and sediment heavy metal analysis: A Review. International Journal of Environmental Analytical Chemistry, 59 (2-4): 225-238.

Tandy S, Schulin R, Nowack B. 2006. The influence of EDDS on the uptake of heavy metals in hydroponically grown sunflowers. Chemosphere, 62 (9): 1454-1463.

Tessier A, Campbell P, Bisson M. 1979. Sequential extraction procedure for the speciation of particulate trace metals. Analytical Chemistry, 51 (7): 844-851.

Turecsányi E, Lyons T, Plöchl M, et al. 2000. Does ascorbate in the mesophyll cell wall form the first line of defence against ozone? Testing the concept using broad bean (Vicia faba L.) . J Exp Bot, 51: 901-910.

Vassil A D, Kapulnik Y, Raskin I I, et al. 1998. The role of EDTA in lead transport and accumulation by Indian mustard. Plant Physoilogy, 117 (2): 447-453.

Wang X, Liang R L. 2000. Interaction and ecological effect of combined pollution for heavy metals on soil-rice paddy system. Chinese Journal of Ecology, 19 (4): 38-42.

Wei B, Yang L. 2010. A review of heavy metal contaminations in urban soils, urban road dusts and agricultural soils from China. Microchemical Journal, 94 (2): 99-107.

Welch R M, Hart J J, Norvell W A, et al. 1999. Effect of nutrient solution zinc activity on net uptake, translocation, and root export of cadmium and zinc by separated sections of intact durum wheat (Triticum turgidum L.) seedlings roots. Plant Soil, 208 (2): 243-250.

Wheeler G L, Jones M A, Smirnoff N. 1998. The biosynthetic pathway of vitamin C in higher plants. Nature, 393: 365-369.

White M C, Chaney R L. 1980. Cd and Mn uptake by soybean from two Zn- and Cd- amended coastal plain soils. Soil Science Society of America Journal, 44 (2): 308-313.

Williams C H, David D J. 1976. The accumulation in soil of cadmium residues from phosphate fertilizer and their effect on the cadmium content of plants. Soil Science, 121 (2): 86-93.

Wu J, Hsu F C, Cunningham S D. 1999. Chelate-assisted Ph Phytoextraction: Ph availability, uptake and translocation constraints. Environmental Scineceand Technology, 33 (11): 1898-1904.

Yang C L, Guo R P, Yue Q L, et al. 2013. Environmental quality assessment and spatial pattern of potentially toxic elements in soils of Guangdong Province, China. Environmental Earth Sciences, 70 (4): 1903-1910.

Yang Z M, Zheng S J, Hu A T. 1999. Effects of different levels of P supply and pH on the content of cadmium in corn and wheat plants. Journal of Nanjing Agricultural University, 22 (1): 46-50.

Zhao Z Q, Cai Y, Zhu Y, et al. 2005. Cadmium- induced oxidative stress and protection by L Galactono-1, 4-lactone in winter wheat (Triticum aestivum L.) . Journal of Plant Nutrition and Soil

Science, 168 (6): 759-763.

Zhao Z Q, Jiang G Y, Mao R. 2014. Effects of particle sizes of rock phosphate on immobilizing heavy metals in lead zincmine soils. Journal of Soil Science and Plant Nutrition, 14 (2): 258-266.

Zhao Z Q, Xi M Z, Jiang GY. 2010. Effects of IDSA, EDDS and EDTA on heavy metals accumulation in hydroponically grown maize (*Zea mays* L.) . Journal of Hazardous Materials, 181 (1-3): 455-459.

Zhao Z Q, Zhu Y G, Cai Y L. 2005. Effects of zinc on cadmium uptake by spring wheat (*Triticum aestivem* L.): long-time hydroponic study and short-time 109Cd tracing study. Journal of Zhejiang University SCIENCE, 6 (7): 643-648.

Zhao Z Q, Zhu Y G, Kneer R, et al. 2005c. Effect of Zn on Cd Toxicity-induced Oxidative Stress in Winter Wheat (*Triticum aestivum* L.) Seedlings. Journal of Plant Nutrition, 28 (11): 1947-1959.

Zhao Z Q, Zhu Y G, Li H Y, et al. 2004. Effects of forms and rates of potassium fertilizers on cadmium uptake by two cultivars of spring wheat (*Triticum aestivum* L.) . Environment International, 29 (7): 973-978.

Zhao Z Q, Zhu Y G, Smith F A, et al. 2005a. Cadmium Uptake by Winter Wheat (*Triticum aestivum* L.) Seedlings in Response to Interactions Between Phosphorus and Zinc Supply in Soils. Journal of Plant Nutrition, 28 (9): 1569-1580.

Zhu Y G, Smith S E, Smith F A. 2001. Plant growth and cation composition of two cultivars of spring wheat (*Triticum aestivum* L.) differing in P uptake efficiency. Journal of Experimental Botany, 52 (359): 1277-1282.

Zhu Y G, Zhao Z Q, Li H Y, et al. 2003. Effect of Zinc-Cadmium Interactions on the Uptake of Zinc and Cadmium by Winter Wheat (*Triticum aestivum*) Grown in Pot Culture. Bulletin of Environmental Contamination and Toxicology, 71 (6): 1289-1296.

Öncel I, Keles Y, Üstün A S. 2000. Interactive effects of temperature and heavy metal stress on the growth and some biochemical compounds in wheat seedlings. Environ Pollution, 107: 315-320.